LABORATÓRIOS ESCOLARES DE CIÊNCIAS

GUIA PRÁTICO

Catalogação na Fonte
Elaborado por: Dayanne Leal Souza
Bibliotecária CRB 9/2162

S232L 2024

Santana, Salete de Lourdes C.
Laboratórios escolares de ciências: guia prático / Salete de Lourdes C. Santana, Vanderlei Folmer, Edward Frederico C. Pessano. - 2. ed. - Curitiba: Appris, 2024.
129 p. : il. ; 21 cm. (Coleção Ensino de Ciências).

Inclui referências.
ISBN 978-65-250-6247-1

1. Ciências. 2. Laboratório. 3. Produtos químicos. I. Santana, Salete de Lourdes C. II. Folmer, Vanderlei. III. Pessano, Edward Frederico C. IV. Título. V. Série.

CDD - 500

Livro de acordo com a normalização técnica da ABNT

Appris editora

Editora e Livraria Appris Ltda.
Av. Manoel Ribas, 2265 - Mercês
Curitiba/PR - CEP: 80810-002
Tel. (41) 3156 - 4731
www.editoraappris.com.br

Printed in Brazil
Impresso no Brasil

Salete de Lourdes C. Santana
Vanderlei Folmer
Edward Frederico C. Pessano

LABORATÓRIOS ESCOLARES DE CIÊNCIAS

GUIA PRÁTICO

Appris editora

Curitiba - PR
2024

FICHA TÉCNICA

COMITÊ CIENTÍFICO DA COLEÇÃO ENSINO DE CIÊNCIAS

AGRADECIMENTOS

Quem pouco semeia,
também pouco colherá;
mas quem semeia com generosidade,
com generosidade também colherá
2COR 9:3

Dandara Fidélis Escoto

Delmar Kaufmann

Diogo Ferreira Bicca

Geovana da Cruz Pereira

Jorge Alberto Messa Menezes Júnior

Julio Cesar Bresolin Marinho

Márcio Tavares Costa

Marlise Grecco da Silveira

Queila Daiane Fonseca do Amaral

RosangelaCeleste Carvalho de Lima

Tatiana Tamborena Rissi

A todos os integrantes da equipe diretiva e alunos de cada escola que participou do projeto.

Queremos agradecer especialmente ao **Raul Calixto Gonçalves,** pelos belos desenhos que ilustram esta obra. Seu trabalho foi essencial para que obtivéssemos o resultado planejado. Registramos aqui o nosso **MUITO OBRIGADO!**

PREFÁCIO

A alegria e o reconhecimento são manifestações reveladoras deste momento em que prefacio tão importante obra: *Laboratórios Escolares de Ciências – Guia Prático*. Trata-se de um subsídio que carrega consigo um conjunto de procedimentos de muita relevância, que fornece às escolas e professores(as) orientações de como organizar e dinamizar o funcionamento de um laboratório de ciências.

A obra representa um subsídio que auxiliará no ensino de Ciências da Natureza e suas Tecnologias (Biologia, Física e Química), no planejamento, na realização e avaliação de suas aulas. Os organizadores apresentam orientações, desde o planejamento à execução de atividades experimentais: roteiros, relatórios, exemplos de atividades experimentais, aulas práticas, projeto arquitetônico, delimitação e organização do espaço físico, materiais etc. Enfim, sugerem um projeto para organização de um laboratório, desde o uso dos espaços e equipamentos até a gestão sustentável dos resíduos gerados.

É indiscutível a validade deste material, que contribui para ensinar Ciências de forma prazerosa, articulando teoria e prática.

Quem não se lembra das aulas práticas que vivenciou ao longo de sua formação e os conteúdos relacionados?

Certa vez, entrevistei professores de diferentes áreas do conhecimento sobre quais aulas de Ciências da Natureza mais marcaram sua trajetória como estudante da educação básica. Todos os entrevistados registraram "aulas práticas". Inclusive, lembravam-se de conteúdos tratados. Isso ilustra o quanto as aulas experimentais não somente marcam, mas, quando bem conduzidas e contextualizadas, possibilitam a construção de conhecimentos pelos estudantes.

Em tempos atuais, não é mais possível continuar ministrando aulas em salas com carteiras enfileiradas, onde os estudantes passam a maioria do tempo ouvindo a explanação do professor, que transcreve os conteúdos no quadro de giz, ou até mesmo dita para os alunos copiarem. Essa dinâmica de aula pertence ao século passado. Neste século, vivemos em tempos marcados pelo desenvolvimento das ciências e de novas tecnologias, e nossos alunos precisam conhecer e analisar essa realidade. Aí reside a importância desse subsídio, que contribuirá para a ressignificação de conceitos científicos, a partir da realização de experimentos, que permitem construir conceitos relacionados a fenômenos físicos, químicos e biológicos pelos estudantes.

O Laboratório de Ensino de Ciências é por excelência um lugar de criatividade e de pesquisa. A disponibilidade de equipamentos e materiais adequados permite a realização de atividades diversas, onde os estudantes têm oportunidade de realizar investigações e buscar respostas às suas indagações, a partir da realização de atividades das mais simples às mais complexas por meio de um conjunto de ações a serem implementadas no Laboratório. Assim sendo, é um local de aprendizagem, onde o estudante exercita habilidades de cooperação, concentração, organização, manipulação de equipamentos e, por outro, vivencia o método científico, entendendo como tal a observação de fenômenos, o registro sistematizado de dados, a formulação e o teste de hipóteses e a inferência de conclusões.

Assim, "experimentar" e "ressignificar conceitos" estão intimamente articulados, por isso, são fundamentais na aprendizagem dos estudantes. Além das práticas, os estudantes manuseiam equipamentos, testam experimentos, discutem, avaliam resultados e chegam a conclusões, desafiando-os a solucionar problemas do seu cotidiano, instigando-os a buscar na literatura e com seus colegas, a partir de discussões organizadas, possíveis soluções.

Outro aspecto que vale ressaltar são as orientações quanto à gestão dos resíduos produzidos no laboratório, um problema ambiental que preocupa principalmente os professores da área científica. Este material apresenta orientações desde o armazenamento, prazo de validade, acondicionamento e descarte correto, normas de segurança, além de outros aspectos que contribuem para evitar riscos ambientais.

Assim sendo, um laboratório representa um ambiente de aprendizagem de assuntos tratados em sala de aula. Nas instituições de ensino, esse espaço representa a materialização de uma concepção didática, em uma forma de visualizar e estruturar a produção dos conhecimentos científicos.

Finalizando, agradeço mais uma vez aos organizadores, em especial à Salete de Lourdes Cardoso Santana, pelo convite, e demonstro meu reconhecimento pela produção dos resultados de sua dissertação de mestrado por meio deste precioso material.

Cleria B. Meller

APRESENTAÇÃO

A ausência de atividades experimentais, as chamadas aulas práticas, é frequentemente apontada pelos educadores como uma das principais deficiências no ensino das disciplinas científicas, sendo que elas ainda se apresentam voltadas à exposição didática dos conteúdos, desmotivando e dificultando o aprendizado dos alunos. Outros pontos negativos apontados pelos professores dizem respeito aos conteúdos: que eles se encontram dissociados da vida cotidiana e que a falta de espaço para as experimentações muitas vezes inibe a associação com a realidade dos alunos.

O livro *Laboratórios Escolares de Ciências: Guia prático*, como bem registram seus autores, não tem a pretensão de esgotar os assuntos abordados, muito menos de sanar todos os problemas que permeiam o ensino de Ciências, mas com certeza trata-se de uma excelente obra que subsidiará todos os profissionais que atuam nas Ciências Naturais, seja na educação básica, seja no ensino superior. A obra que apresento traz em suas páginas inúmeras sugestões de atividades experimentais e, ao se debruçar sobre a metodologia dessas sugestões de experimentos, é possível notar que a grande maioria dessas atividades poderia ser desenvolvida em espaços pouco sofisticados, ou seja, na própria sala de aula, com equipamentos e insumos simples e abordagem segura. Se pudéssemos definir esta obra em poucas palavras, poderíamos usar de forma interdependente os termos "cuidado" e "experiência". A experiência refere-se aos seus autores, todos com vivência na área e longo percurso acadêmico, condição ímpar que os credencia a lançarem-se nesta empreitada de produzir um documento que poderá ser apropriado por todos os educadores que clamam por uma escrita, em linguagem acessível. Quanto ao cuidado a que me referi acima, este diz respeito à forma como a obra foi organizada, pois seus autores tiveram a sensibilidade para que os temas fossem encadeados, proporcionando uma leitura prazerosa e de fácil entendimento.

Acima do prazer da leitura, a obra revela-se em minúcias, pois os autores preocuparam-se também com detalhes nem sempre considerados. Só para exemplificar quando me refiro às minúcias, podemos encontrar nesta obra sugestões de atividades experimentais e aulas práticas, manual de orientação para montagem e gestão de laboratório de ciências, além de projeto arquitetônico e plano de segurança em atividades experimentais e de gestão de resíduos. Porém o grau de detalhes fez com que os autores fossem além e indicassem aos leitores modelos de plano de aula, relatório de observação e avaliação das aulas práticas, sem falar nos modelos de ficha para controle de uso e agendamento do laboratório, controle de prazo de validade dos produtos e ficha para controle de estoque.

Para encerrar, mais uma vez, parafraseio seus autores, ao dizer que a obra não esgota todos os assuntos referentes ao tema, mas com certeza contribuirá muito com aquele educador propenso a mudar sua prática pedagógica, encorajando-o a buscar novas possibilidades de ensino, com segurança e entusiasmo ao fazê-lo.

Unipampa, Uruguaiana, setembro de 2017

Prof. Dr. Ailton Jesus Dinardi
Professor adjunto na Fundação Universidade Federal do Pampa

SUMÁRIO

PARTE 1

PARTE 2

PARTE 3

PARTE 4

PARTE 5

SUGESTÃO PARA PLANEJAMENTO DE ATIVIDADES EXPERIMENTAIS E AULAS PRÁTICAS

Um dos desafios dos professores que ministram as disciplinas de Ciências, Química, Física e Biologia é por em prática a parte teórica estudada, dadas as condições oferecidas pela escola no que se refere a laboratórios escolares, possibilitando uma contextualização experimental e proporcionando uma melhor relação dos processos de ensino-aprendizagem. Ao analisarmos a literatura, podemos verificar que vários trabalhos já confirmaram os benefícios e a eficácia do desenvolvimento de aulas práticas na fixação do conteúdo estudado, bem como preparam o educando para a construção do saber, do conhecer e do seu desenvolver.

A escola deveria proporcionar um espaço onde as aulas práticas pudessem ocorrer efetivamente, para permitir aos discentes vivenciarem a partir da experimentação (na prática) os conteúdos abordados em sala de aula. Aspectos relevantes que se seguem à realização de atividades práticas simples é que estas podem ser desenvolvidas em qualquer sala de aula, sem a necessidade de instrumentos e aparelhos sofisticados, bastando apenas que se tenha boa vontade e alguns objetos comuns, como garrafas pet, por exemplo. Entretanto é preciso criar condições concretas para que as mudanças ocorram e alcancem a melhoria da qualidade de ensino.

Incentivar o desenvolvimento de aulas práticas pode ser o caminho, visto que a escola deve proporcionar ao educando maneiras que lhes permitam se organizar e se tornarem responsáveis pelos espaços que são disponibilizados. É sabido que as aulas práticas auxiliam o aluno a aprimorar seus conhecimentos juntamente com a parte teórica. Para executar as atividades experimentais, o professor deve estar atento ao fato de que o educando é um sujeito pensante, possuidor de capacidade de discernimento, inteligente e criativo. O papel central do ensino de Ciências é proporcionar aos educandos oportunidade de mudanças, seja no aumento das possibilidades de compreensão ou interação, seja aguçando sua curiosidade.

A escola deve planejar práticas de participação coerente com a realidade do aluno, como aulas de campo, aulas laboratoriais e provocar processos de tomada de consciência adequados aos aspectos socioeconômicos e ambientais existentes. Talvez o momento de sair do tradicional ensinamento "livresco", puramente teórico, e por em prática as atividades experimentais ou aulas práticas, finalmente tenha chegado. O importante nessa perspectiva é que o processo educacional necessita apoiar-se no interesse dos alunos, além de gerar novos interesses.

Com o intuito de estimular o professor, foi formulada uma série de sugestões de aulas práticas em laboratório de ciências, fornecendo subsídios para que planeje suas aulas práticas e inclua atividades experimentais a fim de complementar a teoria repassada aos alunos. Assim, o primeiro passo para que se possa desenvolver atividades experimentais com os alunos é o planejamento das aulas. Como tradicionalmente as aulas teóricas obedecem a um plano previamente estabelecido pelo professor, é possível determinar com exatidão quantas e quais serão as aulas ministradas, incluindo a lista de materiais que serão utilizados. Esse processo é importante para que a direção possa se organizar com antecedência a fim de garantir que os materiais necessários para a aplicação das aulas sejam suficientes até o término do ano letivo. A seguir, descreveremos as etapas para o planejamento das atividades.

PLANO DE AULA[1]

Esse plano de aula pode ser entregue à direção da escola e aos alunos, para que eles possam acompanhar de que forma as atividades propostas serão efetuadas.

<table>
<tr><td>Escola: ____________________</td><td>Data: ____/____/______</td></tr>
<tr><td>Professor(a): ____________________</td><td>Nº de alunos: ____________________</td></tr>
<tr><td>Disciplina: ____________________</td><td rowspan="3">Título da Aula Prática:
____
____
____________________</td></tr>
<tr><td>Nome do Aluno: ____________________</td></tr>
<tr><td>Ano/Turma: ____________________</td></tr>
<tr><td colspan="2">Usar em: ____/____/______ Manhã: ( ) Tarde: ( ) Noite: ( )</td></tr>
<tr><td colspan="2">Passo a passo da aula</td></tr>
<tr><td colspan="2">• Descrição da Atividade: como o problema que vai ser solucionado é proposto com clareza para o aluno. O experimento deve ser situado no contexto do curso e relacioná-lo com os conteúdos precedentes, se isso for possível.
• Objetivo(s): o que se pretende descobrir; comprovar aquilo que foi proposto teoricamente.
• Materiais Utilizados e Montagem: fazer uma descrição dos materiais que serão utilizados naquele experimento para fornecer ao aluno; explicitar a maneira como os equipamentos devem ser conectados e montados (um desenho normalmente é conveniente); quantificar os materiais e produtos a serem utilizados.
• Procedimentos: explicitar a maneira como os alunos devem agir de modo a obter os resultados desejados.
• Resultados ou Discussões: análise de resultados das observações ou dos experimentos. Deve responder ao/s objetivo/s. Podem aparecer questões norteadoras/desafiadoras que guiem o aluno a chegar às suas próprias conclusões e conceitos.
• Conclusões: Síntese do trabalho, o que entendeu com o experimento.</td></tr>
</table>

[1] Disponível em: <http://www.cpmdarcycosta.seed.gov.br>. Modelo adaptado.

- **Referenciais Bibliográficos**: nesta parte, deve-se discorrer sobre aqueles conceitos-chave ao entendimento daquele experimento, de modo que o aluno possa compreender o que fará. É aconselhável que se limite àqueles conceitos e leis pertinentes ao que vai ser o objeto daquele experimento em particular.
- **Duração:** xh e xmin
- **Dias da semana:**

Horário	S	T	Q	Q	S

Assinatura PROFESSOR: ____________________________________

Assinatura DIREÇÃO/EQUIPE PEDAGÓGICA: ____________________

RELATÓRIO DE OBSERVAÇÃO[2]

Durante a realização das atividades experimentais, os alunos devem fazer anotações de seus experimentos, para que estes sirvam de embasamento aos relatórios que deverão ser elaborados e entregues aos professores como forma de avaliação. Para isso, o aluno precisará ter sempre em mãos um caderno comum ou uma ficha onde possa anotar as ocorrências de cada experimento, como data e local em que foi realizado, material utilizado, procedimento experimental seguido, dados obtidos e conclusões. Esse método,

[2] Disponível em: <http://labcienciasescolabeni.blogspot.com/2008/04/modelo-de-relatrio-de-aulas-prticas.html>. Modelo adaptado.

além de auxiliar o aluno a desenvolver suas habilidades de organização, também servirá de registro das atividades desenvolvidas.

Relatório De Observação	Ficha nº: ______/20_____
Aluno:	Ano/Turma:
Disciplina:	Data:
Professor(a):	
Experimento:	
Anotações sobre as observações feitas durante a realização do experimento	
Introdução teórica:	
Materiais utilizados e objetivo do experimento:	
Procedimentos sobre como realizar o experimento:	
Questões, dúvidas e curiosidades que surgiram durante a aula prática:	
Resultados e Conclusões:	

AVALIAÇÃO DAS AULAS PRÁTICAS

Todas as atividades precisam ser avaliadas para questão de aprimoramento. Diante disso, elaboramos modelos de fichas de avaliação do aluno em relação às aulas e do professor em relação ao aluno, durante as aulas no laboratório.

Ficha de Avaliação do Professor[3]												
Nome da escola:										Data:		
Nomes dos alunos:										Turma:		
	Identificação do Grupo											
	S	N	S	N	S	N	S	N	S	N	S	N
1. O aluno demonstra ter algum conhecimento sobre o assunto?												
2. O aluno demonstra interesse durante todo o período da aula prática?												
3. O aluno participa de forma efetiva, colaborando com o grupo?												
4. O aluno demonstra ser organizado durante a execução dos experimentos?												
5. O aluno é capaz de desenvolver todas as fases do experimento:												
a) Observação dos fatos;												
b) Formulação do problema;												
c) Elaboração de hipóteses que resolvam o problema;												

Ficha de Avaliação do Professor[3]												
d) Experimentação, para testar a hipótese;												
e) Análise dos resultados e das observações ou dos experimentos, seguida de conclusão;												
6. O aluno solicita/aceita orientação do professor;												
7. O aluno é capaz de discutir os resultados encontrados.												
NOTA												

Sugestão de Gabarito:

Nota 6: Insuficiente; Nota 7: Suficiente; Nota 8: Bom; Nota 9: Muito Bom e Nota 10: Excelente.

Fazer uma média da soma de todos os "SIM" dados.

[3] Disponível em: <http://farmaco.ufcspa.edu.br/farmaco_basico_clinico/praticas/Ficha%20Aval%20Praticas.doc>. Modelo adaptado.

Ficha de Avaliação da Aula dada em Laboratório (Anos Iniciais)[4]
O que você achou dessa aula? GOSTEI MAIS OU MENOS NÃO GOSTEI
• O que você aprendeu de mais interessante na aula de hoje? ____________________ ____________________ • Você gostaria de ter mais aulas de Ciências assim? Por quê? ____________________ ____________________ • Dê uma sugestão do que você gostaria de fazer na próxima aula: ____________________ ____________________

Instruções de Preenchimento:

Explique aos alunos que eles devem pintar a "carinha" de acordo com o que se pede. Peça a eles para responderem as questões.

[4] Disponível em: <http://www.ic-ufu.org/anaisufu2008/PDF/SA08-10130.PDF >. Modelo adaptado.

Ficha Avaliação da Aula dada em Laboratório (Anos Finais)[5]	CF	C	I	D	DF
1. Os experimentos realizados em laboratório são importantes e interessantes.					
2. Realizar as atividades de laboratório é uma perda de tempo.					
3. De maneira geral, eu gosto de participar das atividades realizadas em laboratório.					
4. Os experimentos ajudam-me a esclarecer os conteúdos teóricos.					
5. Sinto que aprendo alguns métodos muito úteis no laboratório.					
6. De maneira geral, eu aprendo bastante com as atividades de laboratório.					
7. Gosto de trabalhar com o equipamento de laboratório.					
8. As atividades de laboratório pouco acrescentam aos meus conhecimentos.					
9. Com as atividades de laboratório, desenvolvo o senso crítico.					
10. Participo das aulas de laboratório apenas porque sou obrigado.					
11. Considero muito bom realizar atividades de laboratório.					
12. Executo as atividades de laboratório sem prestar muita atenção.					
13. Entendo os fenômenos que ocorrem nas aulas de laboratório.					
14. As aulas de laboratório deixam-me impaciente.					
15. Acho as atividades de laboratório importantes para a minha formação escolar.					

Instruções de preenchimento:

As afirmações expressam opiniões sobre os trabalhos de laboratório. Peça ao aluno para que leia atentamente cada afirmação e então indique se concorda ou não com ela e o grau de sua concordância ou discordância: **CF = Concordo Fortemente; C = Concordo; I = Indiferente; D = Discordo; DF = Discordo Fortemente.**

[5] FONTE: <www.dfi.ccet.ufms.br/prrosa/Pedagogia/Capitulo_12.pdf>. Modelo adaptado.

RELATÓRIO DE AULAS PRÁTICAS

Os relatórios são resumos que contêm todos os passos do experimento e devem ser elaborados de acordo com as normas científicas. Normalmente, tais relatórios compõem a nota final do aluno na disciplina.

Modelo de Capa

E.M.E.F. 22 de Outubro

Título da Prática

Disciplina: ______________________________

Professor: ______________________________

Aluno: ______________________________

Ano: ____________ Turma: ______________________

Data: ____/____/______

Barra Quaraí – RS

20_____

Modelo de Estrutura[5]

- **Título da Prática**
- **Introdução:** deve estabelecer sem deixar dúvidas (para você e para quem vai ler) qual o evento que foi estudado e qual foi a questão sobre esse evento que se pretendeu responder (objetivo do experimento). Por exemplo: todo corpo solto perto da superfície da Terra se movimenta em direção a ela. Esse é o evento estudado. Sobre ele, podemos elaborar uma série de perguntas, como, por exemplo: qual é a relação matemática entre a posição relativa à superfície e o tempo transcorrido desde o início do movimento? Essa seria o que chamaremos de questão básica do nosso experimento.
- **Materiais e Procedimentos**: o aluno deverá descrever sucinta, mas completamente, que materiais utilizou (citando marca, modelo, ano de fabricação, se possível), a forma como os equipamentos foram montados (isto pode ser feito por figuras) e o procedimento utilizado no experimento: o que foi medido e como, quantas medições formas feitas, fatores externos que influíram no seu experimento etc.
- **Resultados e Conclusões**: são "a alma" do relatório. Nessa parte, o aluno deve fornecer a resposta da questão básica formulada na Introdução, a qual deve ser apresentada a partir dos dados obtidos durante o experimento. Fazem parte das conclusões também as possíveis fontes de erros do experimento. Algumas vezes, é a parte mais importante do relatório.
- **Referenciais Bibliográficos**: Diz respeito à bibliografia consultada para realizar o experimento, como livros, revistas, sites, entre outros.
- **Anexos:** (opcionais) contêm tabelas, gráficos, demonstrações matemáticas mais elaboradas etc. Tudo que não for indispensável à leitura do relatório pode ser colocado neste item, inclusive fotos.

Instruções:

1) Explicar aos alunos que esses tópicos devem estar na sequência, ou seja, não precisa de uma folha para cada tópico.

2) Explicar que as considerações de cada um são importantes, por isso eles não podem deixar de fazê-las.[6]

[6] Disponível em: <www.dfi.ccet.ufms.br/prrosa/Pedagogia/Capitulo_12.pdf>. Modelo adaptado.

SUGESTÃO DE ATIVIDADES EXPERIMENTAIS E AULAS PRÁTICAS

O ponto cego

A retina é o tecido nervoso que recobre a parte posterior do olho. Sobre ela, formam-se as imagens que nos dão a sensação de visão. A retina está constituída por células especialmente sensíveis à luz denominadas cones e bastonetes, e está conectada ao cérebro por meio do nervo ótico. O ponto em que o nervo ótico se une à retina denomina-se PONTO CEGO por carecer de células fotossensíveis. Normalmente, não percebemos o ponto cego porque, ao ver um objeto com os dois olhos, a parte do objeto que incide sobre o ponto cego de um dos olhos incide sobre uma zona sensível do outro. Se fecharmos um olho tampouco teremos consciência da existência do ponto cego, porque o cérebro normalmente nos engana e completa a parte que falta da imagem. Esta é a razão por que não era conhecida a existência do ponto cego até o século XVII.

Experimento para comprovar a existência do ponto cego: Em uma cartolina, desenhe uma cruz e um círculo distanciados um do outro. Situe a cartolina a uns 20 centímetros do olho direito. Feche o olho esquerdo, olhe o X com o olho direito e aproxime lentamente a cartolina. Chegará um momento em que o círculo desaparecerá do campo de visão. Nesse momento, sua imagem se formará no ponto cego. A seguir, aproximando ou distanciando a cartolina, o círculo volta a aparecer.

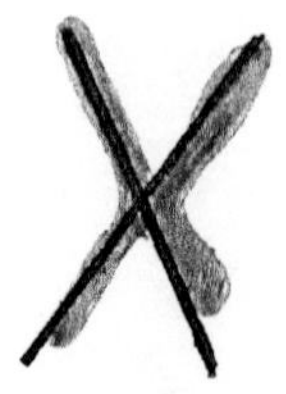

Colisões com moedas

Você só precisa de moedas, uma superfície lisa, e se não tiver uma mira boa, pode usar réguas para enfileirar melhor as moedinhas. Os fenômenos de colisão, ou choques, são bastante interessantes e não muito bem ensinados nas escolas. Um estudante ao final do ensino médio pode até dominar a teoria das colisões chamadas elásticas ou quase-elásticas, mas mesmo assim pode ter dificuldades em demonstrá-la.

Veja como é simples: faça uma fila de moedas e arremesse uma delas [situação **Antes**]: o que acontece? Existe uma transmissão de energia da moedinha que bate na fileira, e passa para a seguinte, a seguinte... até a última moedinha. É essa última moeda que sai da fileira com a mesma energia da moedinha inicial [situação **Depois**] (desconsiderando, é claro, a interferência do atrito). Existe outra coisa que também se conserva: é chamada de quantidade de movimento e basicamente diz que, se tivermos moedas diferentes colidindo, a maior moeda vai desenvolver uma velocidade menor, se a menor inicialmente colidir com ela. E o contrário, como deve ser? Faça o aluno pesquisar sobre isso.

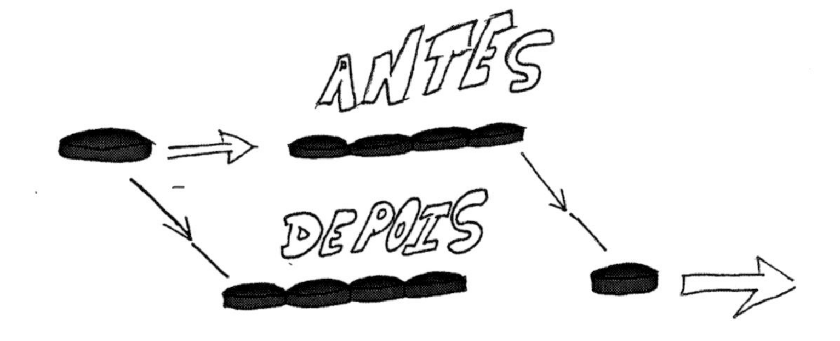

Latinha obediente

Material necessário: uma lata com tampa (como leite em pó, onde a tampa é de plástico), elástico de punho, porca, parafuso, martelo, prego.

Tanto na base como na tampa de uma lata, faça dois furos, como indicamos a seguir. Passe um elástico entre os furos, como indicado na figura, e, no centro de cruzamento desse elástico, amarre um objeto pesado, como uma porca com parafuso, uma chumbada de pesca ou qualquer outra coisa. Após colocada a tampa da lata em seu devido lugar, a situação do elástico e do "peso" deve ficar como ilustrado abaixo.

Agora role a latinha sobre o piso da sala de aula e veja o que acontece!

O peso inserido modifica o centro de gravidade do brinquedo que você montou, alterando o movimento. Você consegue imaginar exatamente o que está acontecendo? Explica-se: a inércia do "peso" pendurado impede-o de girar; então é o elástico que gira e fica torcido. É esse elástico torcido que faz a lata voltar atrás.

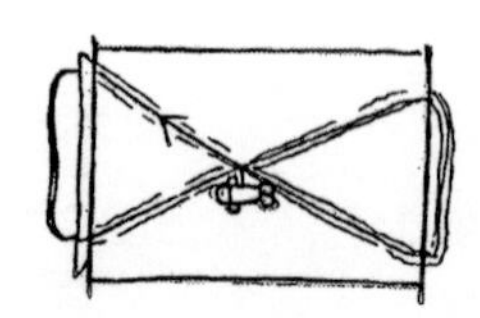

Passas bailarinas

Um truque realmente engraçado e fácil, que você pode fazer para encantar os amigos. São as passas bailarinas, que bailam ao sabor de bolhinhas de ar! Para isso, use um refrigerante gasoso e uvas passas. Corte-as ao meio e coloque-as no copo com o refrigerante. Você verá que elas afundam e, em seguida, sobem e mergulham novamente, diversas vezes.

O que acontece? Os refrigerantes contém quantidade apreciável de gás CO_2 (dióxido de carbono), dissolvido no líquido sob pressão. Bolhas de gás formam-se na superfície da uva passa, fazendo com que a densidade do conjunto se torne menor do que a do líquido, e por isso ela sobe. Quando a passa atinge a superfície, parte das bolhas estouram ou se desprendem e a densidade da passa torna-se então maior do que a do líquido, e elas afundam. O processo se repete até que a quantidade de bolhas formadas não seja suficiente para que os pedaços de passas flutuem.

Construindo uma bússola

O primeiro a utilizar uma bússola, segundo registros da história, foi Peter Peregrinus, em 1269, mas mesmo ele não soube explicar por que uma bússola sempre aponta para o Norte (polo sul magnético). Somente William Gilbert (1544-1603) explicou satisfatoriamente o fenômeno, ao dizer que o planeta Terra funcionava como um enorme magneto. Você também pode fazer um, em casa, com material simples: uma agulha, rolha de cortiça, faca, um vasilhame com água e um imã de verdade.

- Primeiro, corte a rolha de cortiça com mais ou menos 1 centímetro de altura, formando um disco. Faça um pequeno corte diametral (não muito fundo) nesse disco para poder deixar a agulha fixa nessa rolha de cortiça.
- Depois, magnetize a agulha, como ilustrado: escolha uma das extremidades (a ponta mais fina da agulha, por exemplo) e por cerca de 20 vezes, sempre no mesmo sentido, passe a agulha sobre um dos polos do ímã.
- Só então, fixe-a na cortiça e coloque-os sobre um vasilhame com água. Mexa na cortiça: você verá que ela sempre irá apontar para uma mesma direção: a direção norte-sul.

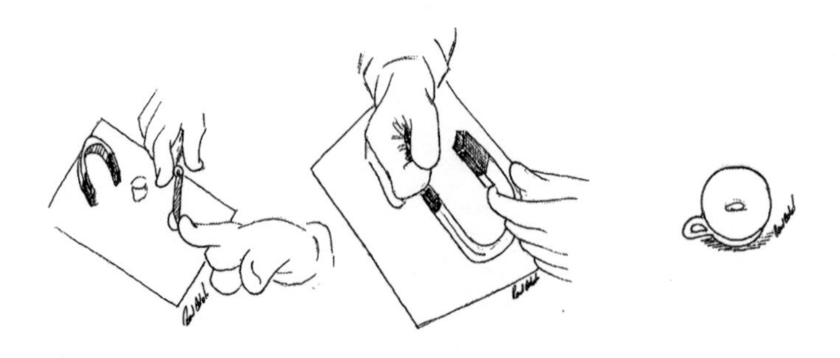

Colando gelo num barbante

Material necessário: gelo, bacia com água, barbante, sal e colher.

- Coloque água em um copinho descartável (até a boca) e deixe no congelador da geladeira.
- Após o congelamento da água, retire o gelo do copinho e mergulhe numa bacia com água.
- Corte um pedaço de barbante e coloque-o sobre o pedaço de gelo.
- Coloque um pouco de sal numa colher e adicione sobre a superfície do gelo, junto com o barbante.

O que acontece? O sal derrete o gelo, que molha o barbante. Mas pouco tempo depois, a água congela novamente, agora junto com o barbante, pois ainda há muito gelo. Assim, é possível levantar o gelo sem mexer nele, apenas segurando a extremidade do barbante.

Uma sirene diferente

Você vai precisar de um apito, barbante e um funil. Adapte à extremidade do funil um apito. Depois, faça movimentos circulares, e note o tipo de som produzido. Por que a sirene faz esse som? O que está acontecendo?

Agora, peça a um amigo para girar o funil com o apito. Peça para ele correr de um lado a outro enquanto gira o apito. Você deverá notar uma diferença bastante sensível no tipo de som produzido. Parece com a sirene das ambulâncias tocando ao se aproximar e ao se afastar de você. Esse é um efeito muito interessante chamado Efeito Doppler. Mas, enquanto você ouve esses dois sons, seu amigo que está girando o apito vai ouvir apenas um mesmo ruído. Dá para dizer por quê?

Uma moeda que desaparece

Material necessário: uma moeda, um copo plástico opaco e água.

Procedimento: coloca-se uma moeda no fundo do recipiente. A luz que sai da moeda se transmite em linha reta e incide no olho. Ao baixar um pouco a posição do olho, a moeda "desaparece". Ao adicionar água, mantendo a mesma posição do olho, a moeda "reaparece".

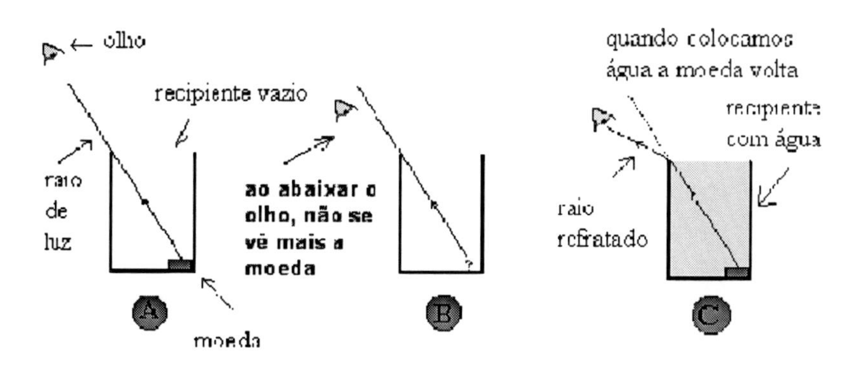

Explicação: quando o raio de luz proveniente da moeda chega à superfície que separa a água do ar, há uma mudança na direção em que se propaga. Como consequência dessa mudança de direção, volta-se a ver a moeda. Esse fenômeno característico, não só da luz, mas de todo tipo de ondas, chama-se REFRAÇÃO e ocorre sempre que uma onda passa de um meio a outro.

Iceberg em miniatura

Muitos navegantes enganam-se facilmente ao avistar as geleiras conhecidas como icebergs. Até nós mesmos nos enganamos ao observar na TV imagens de blocos de gelo flutuando: que mal haveria em colidir um barquinho com uma pequena geleira dessas?

O problema está na pequena diferença entre as densidades do gelo e da água no estado líquido. Sete oitavos (7/8) de gelo ficam abaixo da superfície do mar num iceberg. Quando olhamos, vemos apenas 1/8 de todo o seu volume sobre a superfície!

Comprove esse fato em casa, realizando um experimento simples: encha um copo descartável com água e deixe-o na geladeira. Depois, coloque o gelo numa bacia com água e note o quanto de gelo fica acima da superfície. Você já deve saber que a água se expande quando congelada. Então fica a pergunta para você responder: o que é mais denso (ou seja, quem tem maior razão entre massa e volume), a água ou o gelo?

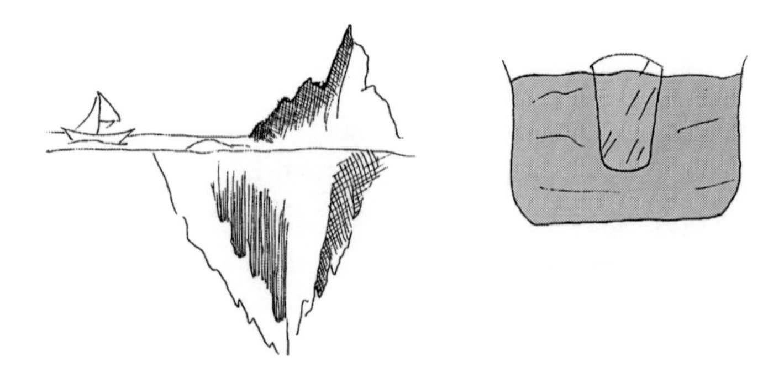

Cultivando bactérias

Objetivo: mostrar a existência de micróbios e como eles contaminam o meio de cultura.

Material (para o meio de cultura)

- 1 pacote de gelatina incolor
- 1 copo de água
- 1 xícara de caldo de carne

Dissolver a gelatina incolor na água, conforme instruções do pacote. Misturar ao caldo de carne.

Material (para a experiência)

- Cotonetes
- Etiquetas adesivas
- Filme plástico
- Caneta
- Duas placas de petri (ou duas tampas de margarina ou dois potinhos rasos), com o meio de cultura cobrindo o fundo

Procedimento: os alunos passam o cotonete no chão ou entre os dentes, ou ainda entre os dedos dos pés (de preferência depois de eles ficarem por um bom tempo fechados dentro dos tênis). Há ainda outras opções, como usar um dedo sujo ou uma nota de real. O cotonete é esfregado levemente sobre o meio de cultura para contaminá-lo. Tampe as placas de petri ou envolva as tampas de margarina com filme plástico. Marque nas etiquetas adesivas que tipo de contaminação foi feita. Depois de três dias, observe as alterações.

Explicação: ao encontrar um ambiente capaz de fornecer nutrientes e condições para o desenvolvimento, os micro-organismos se instalam e aparecem. Esse ambiente pode ser alimentos mal embalados ou guardados em local inadequado. O mesmo acontece com o nosso organismo: sem as medidas básicas de higiene, ele torna-se um excelente anfitrião para bactérias e fungos.

Testando produtos de limpeza

Objetivo: provar a eficácia de desinfetantes e outros produtos que prometem acabar com os micro-organismos.

- Bactérias criadas na experiência n.º 1, Cultivando Bactérias (com sujeira do chão ou com a placa bacteriana dentária)
- 1 copo de desinfetante, água sanitária ou antisséptico bucal
- 1 estufa (é possível improvisar uma com caixa de papelão e lâmpada de 40 ou 60 watts)
- 1 placa de petri limpa (ou tampa de margarina), com meio de cultura
- 1 pedaço de filtro de papel
- 1 tubo de ensaio
- 1 pinça
- Água

Procedimento: raspe um pouco das bactérias que estão nas placas já contaminadas, dilua-as em algumas gotas de água (use um tubo de ensaio) e espalhe a mistura de água com bactérias na placa de petri com meio de cultura. Com a pinça, molhe o filtro de papel no desinfetante (se usar as bactérias criadas com a sujeira do chão, do dedo ou da nota de papel) ou no antisséptico bucal (se usar as originadas da placa bacteriana dentária). Coloque o filtro no meio da placa contaminada por bactérias e guarde-a na estufa. Aguarde alguns dias. Quanto melhor o produto, maior será a auréola transparente que aparecerá em volta do papel; se for ruim, nada acontecerá.

Auréola transparente: quanto mais eficiente o produto, maior ela será pega-pega contra os germes.

Explicação: para serem eficientes, os produtos devem impedir o crescimento dos micro-organismos. Os bons desinfetantes usam compostos com cloro ou outros produtos químicos tóxicos para alguns micróbios.

Pega-pega contra os germes

Objetivo: analisar o funcionamento do sistema imunológico, como o corpo se cura e como as doenças ocorrem.

Material (para 30 alunos)

- 10 cartões retangulares brancos representando os anticorpos
- 15 cartões retangulares coloridos representando os antígenos (micro-organismos invasores)
- 5 cartões coloridos com formatos diferentes dos anteriores

Observação: você pode trabalhar com doenças causadas por vírus e/ou bactérias. Veja, no quadro da página anterior, sugestões de doenças a serem trabalhadas.

Procedimento: distribua os cartões entre os alunos. Os que estão com cartões brancos procuram os colegas que estão com cartões coloridos. Cada aluno dono de cartão branco pode encontrar somente um aluno de cartão colorido. Depois que os pares são formados, pare a brincadeira e converse com os alunos sobre a simulação do sistema imunológico que acabaram de fazer.

Explicação: os cartões brancos representam os anticorpos, que têm a função de combater os diversos antígenos, causadores de doenças. Para cada antígeno, existe um anticorpo. Quando o aluno com cartão branco encontra o colega com cartão colorido do mesmo formato, representa a vitória do corpo sobre o germe. Mas, quando o par é formado por cartões com formatos diferentes, está representado que o organismo não conseguiu produzir o anticorpo necessário ou não produziu em quantidade suficiente para combater aquela doença.

Estragando o mingau

Objetivo: perceber a necessidade de guardar bem os alimentos para que eles não se contaminem.

Material

- 5 copinhos de café numerados
- 2 colheres de amido de milho ou outro tipo de farinha
- 1 colher de óleo
- 1 panela pequena
- 1 colher de vinagre
- 1 colher de sopa
- 1 copo de vidro
- 1 saco plástico ou filme plástico

Procedimento: prepare o mingau com o amido de milho e um copo de água. Misture bem e leve ao fogo até engrossar. Coloque o mingau ainda quente até a metade dos copinhos. Deixe o copo 1 aberto, em cima da pia do laboratório. Cubra o 2 com o filme plástico, vede-o, e deixe-o também sobre a pia. O 3 é completado com óleo e o 4, com vinagre. O 5 é colocado na geladeira, sem cobertura. Observe com a turma em qual mingau apareceram as primeiras alterações. Depois de uma semana, peça a todos para descrever a aparência de cada copo e fazer desenhos coloridos, seguindo o que viram nos copinhos.

Explicação:a temperatura alta, usada no cozimento do mingau, matou os micro-organismos. Já o calor que ultrapassa os 30 graus Celsius deixa o ambiente propício para a proliferação de micróbios, que se depositam no mingau deixado ao ar livre. Observe o que acontece com cada copo de mingau:

1. É o que apresenta mais alteração, pois ficou na temperatura ambiente e sem proteção, exposto aos micro-organismos.

2. Está menos estragado que o primeiro, porque o filme plástico impede que os micróbios se depositem sobre ele.

3. O óleo funciona como cobertura ou embalagem, impedindo qualquer contato com o ar e, por consequência, com os micróbios.

4. A acidez do vinagre impede o aparecimento de micro-organismos (é o princípio de preparação de algumas conservas). **5.** As baixas temperaturas são as que mais retardam o aparecimento de fungos, por isso a geladeira é o melhor lugar para conservar alimentos.

Como saber se um ovo está cozido sem tirar a casca?

A solução é muito simples: só precisamos fazer o ovo girar sobre a mesa. Se estiver cozido, girará uniformemente por algum tempo descrevendo círculos. Se estiver cru, girará dando tombos, seu movimento será errático e logo deixará de girar.

Explicação: no ovo cozido, a distribuição de massa em seu interior não muda à medida que gira. Se o ovo está cru, a gema se movimentará em seu interior, mudando a distribuição de sua massa, fazendo que o giro não seja uniforme.

Mãos limpas?

Objetivo: mostrar que mãos aparentemente limpas podem conter micro-organismos.

Material

- 1 tubo de ensaio
- 1 chumaço de algodão
- 1 funil
- Água com açúcar em uma tigela
- 1 colher de fermento biológico diluído em um copo de água
- 1 rolha para fechar o tubo de ensaio
- Algumas gotas de azul de bromotimol

Procedimento: peça para a turma lavar bem as mãos. Divida a classe em grupos de cinco. Um aluno joga o fermento biológico na mão direita e cumprimenta um colega com um aperto de mão. Este cumprimenta outro e assim por diante. O último lava as mãos na tigela com água e açúcar. Com o funil, coloque um pouco dessa água no tubo de ensaio. Molhe o algodão no azul de bromotimol e coloque-o na boca do tubo de ensaio, sem encostar no líquido. Feche-o com a rolha e espere alguns dias. O azul vira amarelo: ação dos fungos.

Explicação: dentro do tubo de ensaio, a água com açúcar fornece o alimento necessário para os micro-organismos, no caso, fungos se desenvolverem. Os fungos respiram e soltam gás carbônico, o que torna o ambiente do tubo ácido. Com isso, o azul de bromotimol, sensível à alteração de pH, muda sua cor para amarelo. Ressalte que medidas de higiene pessoal, feitas com regularidade, evitam uma série de doenças.

Confecção de lâmina com célula vegetal

Objetivo: mostrar as estruturas celulares

Material

- Microscópio
- Lâminas
- Béquer com água
- Epiderme da cebola
- Azul de metileno
- Pincel fino
- Lamínulas
- Lugol
- Pinça

Procedimentos: cada equipe recebe um pedaço de cebola e uma pinça para retirar, de uma das camadas, um pedaço da epiderme. Após, devem colocar sobre a lâmina (se não ficar bem "esticado", peça para que passem o pincel com água), acrescentar um pouco de corante (solução de azul-de-metileno) e cobrir com a lamínula. Depois, devem levar para observar no microscópio.

Conclusão

- Quando os alunos realizarem a observação, é o momento de verificar se aprenderam o uso correto do microscópio.
- Orientar como fazer os desenhos das células observadas.
- Comentar sobre os contornos das células, como estão dispostas, se tem alguma coisa dentro delas, o que é.
- Explicar que essa célula tem seu interior ocupado por um grande vacúolo que deixa o citoplasma e o núcleo empurrado junto à parede celular.
- O corante azul de metileno é bom de usar, pois permite uma boa visualização, mas mancha a lâmina e a lamínula.
- O lugol cora bem melhor o núcleo, mas a visualização não é tão boa.

Confecção de lâmina com célula vegetal

Objetivo: mostrar as estruturas celulares.

Material

- Microscópio
- Azul de metileno
- Lâminas
- Palito de sorvete
- Lugol
- Lamínulas

Procedimento: as equipes recebem um palito de sorvete para retirarem um pouco da mucosa da bochecha ou da língua. Nessa região, as células são retiradas sem nenhuma dificuldade. Espalham na lâmina só em um sentido para não sobrepor as células, cobrem com lamínula e observam ao microscópio.

Conclusão

Comentários ao professor:

- Quando os alunos realizam a observação, é o momento verificar se aprenderam o uso correto do microscópio.
- Orientar como fazer os desenhos das células observadas.
- Comentar sobre os contornos das células, como estão dispostas, se tem algum conteúdo interno e o que seria.
- O ideal é fazer essa prática junto com a de observação da célula vegetal, para que os alunos observem às diferenças de formato, a disposição das células, a espessura da membrana.

Identificação de tecidos

Objetivo: identificar tecidos celulares.

Material

- Bisturi ou lâmina de barbear
- Lâmina e lamínula
- Lâmina de barbear
- Bandeja de isopor
- Jornal
- Microscópio
- Tesoura
- Coxa de frango crua

Procedimento: os membros de cada equipe deverão pegar na coxa do frango e observar a consistência, cor e localização dos tecidos; devem observar o tecido que está sob a pele (aspecto de massa gelatinosa e transparente) e retirá-lo puxando com as mãos (tecido conjuntivo frouxo), devem retirar a pele e procurar a camada de gordura; observar o feixe de tendões localizados na parte inferior da coxa, puxá-los e observar; retirar a carne da coxa com o auxílio de uma lâmina de barbear e separar cada um dos tipos de tecidos encontrados. Separar o osso, quebrá-lo com cuidado e observar seu interior.

Conclusão

Comentários ao professor:

- Alguns alunos poderão sentir repulsa pelo material e será preciso incentivá-los a participar da prática.
- Partir a lâmina em duas partes para evitar machucados (cortes) nos alunos.

Reconhecimento do amido

Objetivo: observar a ação da amilase salivar sobre o amido.

Material

- Copos descartáveis
- Béquer
- Tiras de glicofita
- Espátula
- Alimentos variados (bolacha, salsicha, maisena, arroz cozido, batatinha cozida)

Procedimento: cada aluno coleta sua saliva em copo descartável (tipo cafezinho) e deposita algum dos alimentos triturados contendo amido. Verificar com a tira de glicofita.

Conclusão

Comentários ao professor:

- Essa atividade mostra amilase salivar atuando sobre o amido contido nos alimentos, e a glicofita indica o teor de açúcar.

Importância da mastigação

Objetivo: observar o processo digestivo

Material

- Gral e pistilo
- Béquer (02 por equipe)
- Grãos de café (inteiros e moídos)
- Papel filtro cortado em tira
- Água quente e fria

Procedimento: divida o grupo em cinco equipes, cada equipe encarregada de uma tarefa.

- Equipe 1: coloque três grãos de café em cada béquer, em um deles coloque água fria e no outro coloque água quente. Aguarde.
- Equipe 2: coloque três grãos de café cortados pela metade, em cada béquer, e em um deles coloque água quente e no outro coloque água fria. Aguarde.
- Equipe 3: coloque três grãos de café quebrados em várias partes, em cada béquer, e coloque água fria em um deles e no outro coloque água quente. Aguarde.
- Equipe 4: moa bem os três grãos de café e coloque metade em um béquer e a outra metade no outro béquer. Coloque água fria em um deles e no outro coloque água quente. Aguarde.
- Equipe 5: coloque um pouco de café moído em dois béqueres e em um deles coloque água quente e no outro coloque água fria. Aguarde.
- Cada equipe coloca a tira de papel filtro em cada um dos béqueres e analisa o resultado.

Conclusão

Comentários ao professor:

- Essa prática reforça a importância da mastigação e a influência da temperatura na absorção dos nutrientes. As tiras de papel-filtro fazem o papel do intestino delgado e por analogia os alunos têm uma aprendizagem mais significativa sobre digestão.
- O café em grão é encontrado em lojas de produtos naturais.

A ação da saliva

Materiais Necessários

- Vidro conta-gotas com tintura de iodo
- Dois copos plásticos de café
- Dois tubos de ensaio numerados
- Amido
- Água

Procedimento

- Coloque água em um dos copos, acrescente amido, mexa e despeje dois dedos da mistura em cada tubo de ensaio. No outro copo, recolha um pouco de saliva, passe-a para um dos tubos e agite. Espere 30 minutos e pingue uma gota de iodo em cada tubo.

Conclusão

- O amido, ao reagir com o iodo, apresenta uma coloração roxa, mas a mistura com saliva não fica roxa por causa da atuação da enzima ptialina. Ela transforma o amido em maltose, que não reage com o iodo.

Erupção vulcânica

Reagentes e Material Necessário

- Vidro de relógio ou molde de um vulcão em gesso
- Fósforos
- Aparas de fita de magnésio
- Dicromato de amônio
- Álcool etílico (opcional)

Procedimento Experimental (para fazer um vulcão)

- Preparar uma estrutura metálica (em arame) com a forma de um vulcão, ou então utilizar folhas de papel, amarrotadas em forma de bola, para fazer o monte que dará origem ao vulcão. Em seguida, colocar um pano velho por cima.
- Preparar o gesso e cobrir o molde, dando-lhe a forma que desejar. Não se esquecer de fazer uma cavidade em cima, em forma de tigela, onde posteriormente será feita a reação química.

A experiência

- Colocar duas ou três espátulas cheias de dicromato de amônio no vulcão ou vidro de relógio.
- Adicionar algumas aparas de fita de magnésio.
- Adicionar algumas gotas de álcool etílico, se desejar. Poderá também colocar algumas "cabeças de fósforo" para ajudar a iniciar a reação, em vez do álcool. Cuidado com o álcool, pois é muito inflamável.
- Em seguida, forneça-lhe energia, chegando um fósforo ao centro.
- Esperar que a reação ocorra.

Explicação

- Pretende-se simular um vulcão em erupção.
- A reação é iniciada com uma chama (algumas gotas de álcool facilitam a ignição) e progride com uma libertação considerável de energia (luz, calor, movimento).
- O dicromato de amônio transforma-se em óxido de crômio (III) (substância sólida de cor verde escura).
- Simultaneamente, formam-se azoto e vapor de água que projetam os flocos do óxido de crômio.
- A reação é traduzida pela seguinte equação química:

$$(NH_4)_2Cr_2O_7(s) \rightarrow Cr_2O_3(s) + N_2(g) + 4H_2O(g) + ENERGIA$$

- O óxido de crómio é responsável pela cor verde do resíduo sólido.

Um azul misterioso

Reagentes e Material Necessário

- Solução alcoólica de metileno (0,25 g/ml)
- Balão de erlenmeyer de 500 ml
- Glicose
- Balança
- Espátulas
- Hidróxido de potássio
- Vidros de relógio
- Proveta de 500 ml

Procedimento Experimental

- Dissolver, no balão de erlenmeyer, 8 g de hidróxido de potássio em 300 ml de água.
- Adicionar 10 g de glicose à solução do balão de erlenmeyer.
- Juntar algumas gotas de solução azul de metileno até que a solução fique nitidamente azul.
- Aguardar até que a solução fique incolor.
- Agitar o balão até que a solução fique novamente azul.
- Repetir o processo.

Explicação

- O azul de metileno apresenta duas formas: A oxidada, de cor azul, e a reduzida, que é incolor.

Glicose + OH^-

Forma oxidada -------------------------> Forma reduzida

(azul) <------------------------- (incolor)

O2 dissolvido

- A reação envolve a redução do azul de metileno por uma solução alcalina de glicose.
- Quando se agita a solução, o produto reduzido é reoxidado a azul de metileno.

Gelo instantâneo

Reagentes e Material Necessário

- Uma boa e generosa quantidade de acetato de sódio (cerca de 70 a 80 g por cada 100 ml de água)
- Recipiente para aquecimento ou panela
- Frigorífico (opcional)
- Fogão
- Água

Procedimento Experimental

- Dissolver algumas colheres de acetato de sódio em água bem quente.
- Na mistura final, o acetato de sódio deve estar completamente dissolvido.
- Deixe arrefecer até a temperatura ambiente (se colocar no frigorífico, é mais rápido).
- Para provocar a solidificação, introduzir um pouco de acetato de sódio sólido, ou então provocar um movimento brusco no líquido.
- Observar o que acontece.

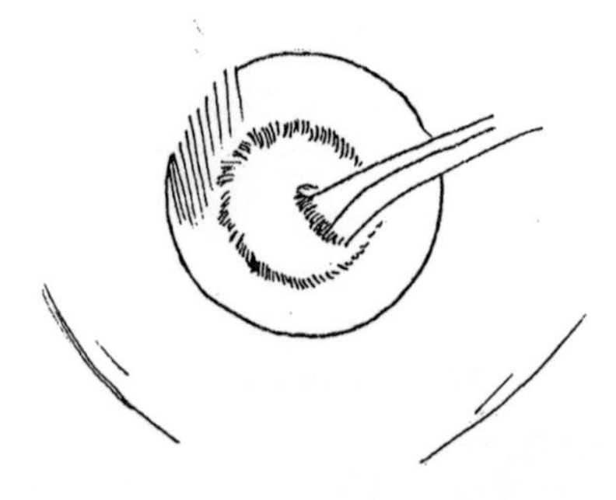

Observar o "gelo" formado

Explicação

- A água foi aquecida para poder dissolver uma grande quantidade de acetato de sódio, mas também porque o ponto de fusão do acetato de sódio é de 54ºC, ou seja, ele fica no estado líquido quando se encontra acima dessa temperatura.
- Quando a mistura começa a arrefecer, o sal dissolvido fica instável, "querendo" voltar ao estado sólido, no entanto, se não houver algumas impurezas na mistura, ou se a solução não for agitada, a solidificação não se inicia.
- O acetato de sódio passa ao estado sólido a 54º C, mas apenas nas situações descritas acima. Se o deixar arrefecer, em repouso, ele fica a uma temperatura abaixo de seu ponto de fusão (ainda no estado líquido), pelo que depois basta provocar a sua cristalização.

NOTA: A solução a preparar deve estar quase saturada. A solubilidade do acetato de sódio é de 76g por cada 100 ml de água.

Mensagem secreta

Reagentes e Material Necessário

- Folha de papel
- Difusor
- Cotonete ou pincel fino
- Solução de fenolftaleína
- Solução de hidróxido de sódio (0,1 mol/dm3 é suficiente) ou solução saturada de hidróxido de cálcio

Procedimento Experimental

- Escreve-se, com um cotonete ou um pincel fino, uma mensagem numa folha de papel, utilizando uma solução incolor de fenolftaleína.
- A mensagem permanece invisível.
- Para revelar essa mensagem, borrifa-se a folha de papel com uma solução de hidróxido de sódio, com o auxílio de um difusor.
- A mensagem aparece, como que por magia, com a cor carmim.

Explicação

- A fenolftaleína é um indicador que fica carmim na presença de soluções básicas, nesse caso, uma solução de hidróxido de sódio.
- Assim, quando se adiciona uma solução dessa base à mensagem escrita com fenolftaleína, esta fica carmim.

Mensagem secreta 2

Reagentes e Material Necessário

- Sumo de limão
- Folha de papel
- Copo de vidro ou plástico
- Faca
- Pincel fino

Procedimento Experimental

- Cortar um limão ao meio, com a ajuda de uma faca.
- Espremer o sumo do limão para o interior do copo.
- Com a ajuda do pincel, escrever uma mensagem, numa folha de papel branca.
- Colocar o papel num local seco, deixando que a mensagem se torne realmente invisível.

Para revelar a mensagem, fazer o seguinte:

- Com a mensagem virada para baixo, passe-a a ferro, utilizando um ferro quente (deves fazê-lo sobre a tábua de passar, colocando um pano velho por baixo, para não sujar).
- Repetir várias vezes, desligar o ferro e virar a mensagem ao contrário.
- A mensagem aparecerá em cor castanha, bem visível.

Explicação

- O sumo de limão tem, na sua constituição, um ácido que se chama ácido cítrico.
- Por ação do calor, este sofre uma reação e transforma-se numa substância de cor castanha.

Fogo de artifício

Reagentes e Material Necessário

- Cloreto de sódio
- Cloreto de potássio
- Acido bórico
- 6 copos pequenos
- 6x25 cm de arame
- Cloreto de cálcio
- Sulfato de sódio
- Água destilada
- Lamparina
- Óculos de segurança
- Um copo de precipitação (aprox. 100 ml)

Procedimento Experimental

- Colocar os óculos de segurança.
- Colocar cada um dos seis sais em cada um dos recipientes de vidro (copo ou vidro de relógio).
- Encher com água o copo de 100 ml.
- Fazer um anel com cerca de 1 cm de diâmetro nas extremidades dos seis arames.
- Acender a lamparina.
- Mergulhar o anel de um dos arames na água.
- Queimar o anel na lamparina para limpá-lo.
- Mergulhar de novo o anel na água e depois num dos sais.
- Colocar o anel sobre a chama da lamparina e observar a cor da chama.

Explicação

- Se uma solução contendo um sal de um metal (ou outro composto metálico) for aspirada numa chama, pode formar-se um vapor que contem átomos de metal.

- Alguns desses átomos de metais no estado gasoso podem atingir um nível de energia suficientemente elevado para permitir a emissão de radiação característica desse metal (exemplo: amarela para o sódio, vermelha para o cálcio, violeta para o potássio, verde para o boro, azul esverdeada para o cobre).
- Esta é a base de uma técnica chamada Espectroscopia de emissão de chama.

Um lenço mágico

Reagentes e Material Necessário

- Água
- Lenços de papel
- Cristalizador
- Proveta de 100 ml
- Álcool
- Tina
- Pinça metálica
- Fósforos

Procedimento Experimental

- Colocar numa tina 20 ml de água e 40 ml de álcool etílico.
- Mergulhar bem um lenço de papel na solução contida na tina.
- Colocar o lenço num cristalizador, incendiando-o com a ajuda de um fósforo.
- Agitar o lenço, com a ajuda da pinça metálica, até que a chama se extinga.
- Mas, então, o lenço não arde?

Explicação

- O álcool etílico sofre a combustão, não ardendo o lenço de papel pelo fato de estar umedecido.
- A equação química que traduz a combustão do álcool etílico é a seguinte: C_2H_5OH (l) + 3 O_2 (g) ® 2CO_2 (g) + 3H_2O (g).

Enchimento automático de balões

Reagentes e Material Necessário

- Vinagre (5ml)
- Balão de festa
- Erlenmeyer ou garrafa de gargalo estreito
- Bicarbonato de sódio (1 colher de sopa)
- Funil

Procedimento Experimental

- Colocar o bicarbonato de sódio no erlenmeyer e, em seguida, adicionar o vinagre.
- Encaixar a boca do balão na boca do erlenmeyer e esperar a reação acontecer.
- Após o desprendimento do gás, pode-se notar que o balão enche rapidamente.

Explicação

O ácido acético do vinagre reage com o bicarbonato de sódio, libertando dióxido de carbono. À medida que se forma mais gás, a pressão dentro da garrafa aumenta e o balão enche.

- A reação química que explica este processo escreve-se assim:

$HCO^{3-}_{(aq)}$	+	$H^{+}_{(aq)}$	→	$H_2O_{(l)}$	+	$CO_{2(g)}$
bicarbonato		ácido		água		gás carbônico

Densidade

Materiais Necessários

- Um copo ou béquer (pode ser qualquer recipiente transparente)
- Sal de cozinha (cloreto de sódio – NaCl)
- Vareta de vidro ou colher para misturar
- Um ovo cru
- Água

Procedimento

Peça aos alunos que coloquem água até a metade do copo e adicionem o ovo. Eles devem observar o que é mais denso, o ovo ou a água.

Em seguida, peça para que eles retirem o ovo, acrescentem sal à água, misturem bem e coloquem o ovo novamente. Que mudança de densidade é possível visualizar?

Conclusão

- A densidade de uma substância é uma grandeza que relaciona a massa de um material com o volume por ele ocupado. A substância menos densa fica na parte superior quando misturada com substâncias mais densas que ela, e vice-versa.
- É possível também modificar a densidade de uma substância por misturá-la com outras menos ou mais densas. Quando se adiciona o ovo cru na água pura, ele vai para o fundo do recipiente, o que nos indica que ele é mais denso que a água.
- O professor pode complementar a explicação mostrando que a densidade do Mar Morto é tão grande que as pessoas podem flutuar nele, sem se preocupar em afundar. Isso ocorre em razão da alta concentração de sal dissolvido na água desse mar. É inclusive em virtude disso que ele se chama "Mar Morto"; essa concentração de sal impede que haja vida animal e vegetal nesse local.

MANUAL DE ORIENTAÇÃO PARA MONTAGEM E GESTÃO DO LABORATÓRIO DE CIÊNCIAS

Segundo Borges (1997), várias são as escolas que dispõem de alguns equipamentos e laboratórios. No entanto, por diversas razões, estes são pouco utilizados. Apesar de sua grande importância, durante as visitas realizadas nas escolas para aplicação dos questionários, percebeu-se que poucos são os laboratórios que estão em uso efetivo atualmente, sendo que na maior parte das vezes os espaços não existem ou são utilizados para outros fins, como sala de reuniões, por exemplo. Para Krasilchik (2004), as atividades práticas contribuem com o aprendizado, visto que possibilitam a vivência de experiências nas quais o aluno constrói o conhecimento de maneira a sistematizá-lo, podendo ainda aproximá-lo do trabalho científico.

Porém, para que o ensino de ciências, em qualquer nível, seja efetivamente bem aplicado, é necessário que ocorram dois fatores que podemos considerar fundamentais: um é a existência de um laboratório dotado de materiais e equipamentos mínimos para a realização de experimentos e o outro é a atualização constante do professor, com capacitação para o uso de técnicas e recursos de ensino, mesmo que seja com materiais de baixo custo. Em relação a isso, Capeletto (1992) defende que, para a realização de atividades práticas em laboratório, não necessariamente se exigem aparelhos e equipamentos caros e sofisticados. Diante dessa ausência e de acordo com a realidade de cada escola, é possível que o professor realize adaptações em suas aulas práticas, utilizando apenas o material existente e aqueles de baixo custo, facilmente encontrados.

Contudo outros fatores se fazem necessários a fim de garantir que o laboratório permaneça ativo durante todo o período letivo. Organização e planejamento são fundamentais em qualquer atividade administrativa e isso inclui a administração de um laboratório. Mas, para que isso ocorra de maneira sincronizada, é preciso que haja uma cadeia entre professores e equipe diretiva. De acordo com Machado (2005), cabe à direção, entre outras responsabilidades, dotar o laboratório de infraestrutura básica, exigir que as normas de segurança sejam seguidas pelos usuários, planejar a compra de produtos e materiais para o período letivo, evitando excessos e prevendo estocagem segura, elaborar e executar, em conjunto com os professores, um plano de disposição final dos resíduos provenientes de experiências laboratoriais. Ao professor, um ator importante nesse processo, cabe: planejar as atividades contemplando todo o período letivo, com informações, inclusive, sobre quais materiais e produtos irá utilizar; elaborar um cronograma das aulas práticas para agendamento antecipado destas; prever formas de substituição de materiais e produtos a fim de evitar que as atividades experimentais tenham sua continuidade comprometida, mesmo que algum imprevisto impeça a direção de atender suas solicitações.

Entretanto, apesar da importância das aulas práticas em laboratório serem amplamente reconhecidas, ainda é pouca a parcela de escolas que mantém seus espaços ativos. Na maioria delas, e por diversas razões, os laboratórios foram aos poucos sendo suprimidos para dar lugar a salas de aula, depósitos e outras tantas utilidades. Segundo Carraher (1986 apud POSSOBOM; OKADA; DINIZ, 2007), o modelo educacional adotado por muitos educadores ainda trata o conhecimento como um conjunto de informações que são simplesmente passados dos professores para os alunos, o que pode resultar em aprendizado pouco efetivo. Entretanto, no que concerne ao ensino de ciências, um contingente bastante significativo de especialistas propõe a substituição do verbalismo das aulas expositivas, e da grande maioria dos livros didáticos, por atividades experimentais (FRACALANZA et al., 1986).

Muitos são os benefícios para o aluno que utiliza o laboratório em suas aulas práticas, dentre os quais podemos destacar:

1) despertar a curiosidade e desenvolver a capacidade de observação, estimulando e motivando para o estudo sistematizado de ciências;
2) permitir o contato direto com os experimentos propostos, a fim de que se possa confrontar a teoria com a prática;
3) levar o aluno a buscar soluções para questões ou atividades apresentadas (resolução de problemas);
4) desenvolver habilidades como cooperação, concentração e organização (trabalho em equipe);
5) permitir a vivência do método científico (observação de fenômenos, registro de dados, formulação e teste de hipótese e inferência de conclusões);
6) desenvolver a habilidade de execução dos experimentos e atividades práticas, leitura e manuseio correto de materiais e equipamentos (balança, termômetro etc.);
7) vivenciar experiências que facilitem a fixação e a compreensão de conteúdos e temas trabalhados em sala de aula;
8) capacitar o aluno na área de laboratório de biologia, física e química.

Dessa forma, este livro está sendo proposto com a finalidade de oferecer aos gestores da escola uma proposta de criação de um espaço que servirá como mais uma ferramenta didática ao alcance dos alunos e professores e que poderá contribuir em muito para a melhoria do ensino de ciências por meio da experimentação e aulas práticas em laboratório.

PROJETO ARQUITETÔNICO E ESPAÇO FÍSICO

O projeto arquitetônico de um laboratório é composto das plantas baixa, elétrica e hidráulica. Estas devem obedecer às normas de engenharia e segurança do País, bem como àquelas estabelecidas por cada estado, criadas especialmente para os laboratórios, quando existirem.

No Rio Grande do Sul, não há uma legislação específica que dite normas para a implantação de laboratórios nas escolas, porém há orientações nas Coordenadorias Regionais de Ensino (CREs) que devem ser obedecidas em caso de escolas estaduais que buscam autorização para funcionamento de ensino médio. Assim, determina-se que o prédio que o abrigará possua uma sala exclusiva para esse fim, com dimensões mínimas de $35m^2$, respeitando o limite mínimo de $1,20m^2$ por aluno. Deve possuir janelas amplas, que possibilite a entrada de ar em bastante quantidade, duas entradas (uma deve ser para saída de emergência), piso em cerâmica ou assemelhado, instalações elétricas e hidráulicas com capacidade para comportar toda a aparelhagem existente sem correr o risco de sobrecarga.

Esse espaço da escola visa a atender efetivamente professores e alunos do ensino fundamental ou médio da unidade escolar, bem como eventuais solicitações de outras instituições, caso seja necessário e possível. Sendo assim, o laboratório, suas instalações e seus equipamentos formam um conjunto para fins didáticos e, portanto, deverá oferecer o máximo de flexibilidade em relação aos objetivos propostos, como também atender as questões de segurança dos alunos, professores e demais frequentadores.

A revista Gestão Escolar, em sua edição de n.º 17, publicada em dezembro de 2011/janeiro de 2012, também trouxe uma matéria referente ao tema, intitulada "Como montar um laboratório de ciências completo", cujos desenhos reproduzimos a seguir. São duas figuras, uma com referência à estrutura física e outra com referência às bancadas, móveis e outros materiais.

EQUIPAMENTOS, MATERIAIS E PRODUTOS

Equipamentos

Para seu funcionamento adequado, um laboratório necessita de alguns equipamentos indispensáveis. Dentre eles, estão:

a) Uma ou mais bancadas, proporcionando acesso em seus contornos equivalente a 60cm para cada aluno, no mínimo. Tais bancadas podem ser construídas no laboratório ou adquiridas em lojas especializadas.

b) Pias, com uma ou duas cubas, com instalações hidráulicas.

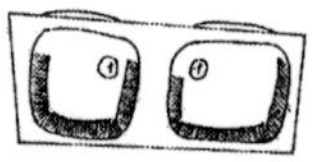

02 cubas

01 cuba

c) Instalações elétricas adequadas ao tipo de fonte de energia a ser usada.

d) Instalações hidráulicas adequadas.

e) Banco ou banqueta para cada aluno na altura adequada às bancadas.

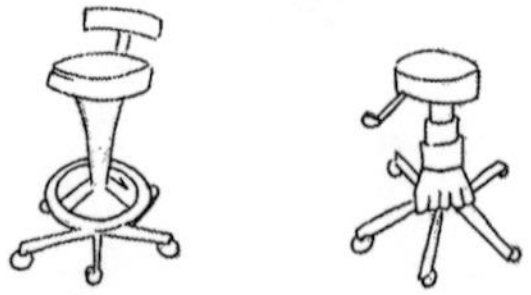

f) Armário para guardar materiais e equipamentos perigosos (cortantes, tóxicos, corrosivos, entre outros) com chave.

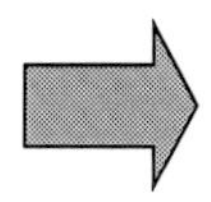

g) Quadro branco (para evitar o pó do giz).

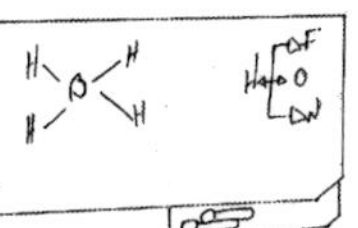

h) Balança digital: para a medida de massa de sólidos e líquidos não voláteis com grande precisão.

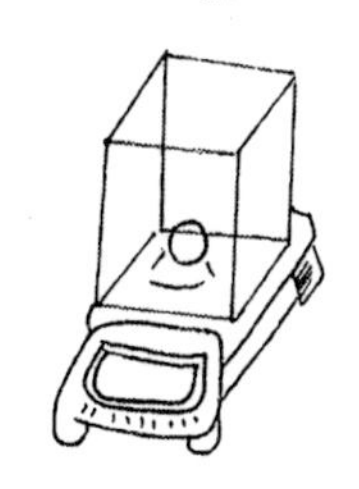

i) Microscópio: para visualização de micro-organismos.

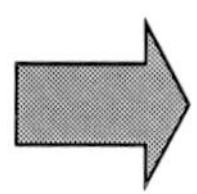

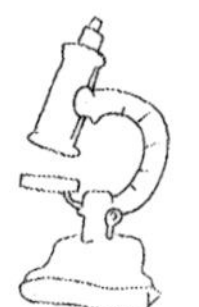

Não essenciais, mas igualmente importantes, estão os abaixo elencados:

a) Armário guarda-volumes, para guardar os pertences de alunos e professores durante a aula.

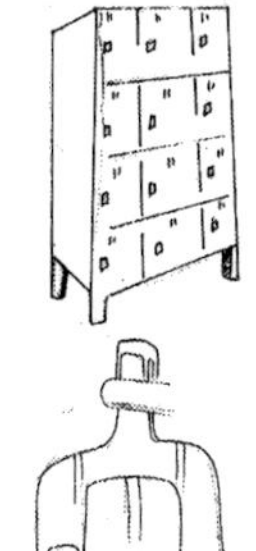

b) Capela de exaustão, para auxiliar na dispersão de gases.

c) Estufa ou autoclave para esterilização de materiais.

Estufa

Autoclave

d) Quadro mural para avisos.

Materiais e Vidrarias

NOME E UTILIZAÇÃO

ALMOFARIZ COM PISTILO
Usado na trituração e pulverização de sólidos.

BALÃO DE FUNDO CHATO
Utilizado como recipiente para conter líquidos ou soluções, ou mesmo fazer reações com desprendimento de gases. Pode ser aquecido sobre o tripé com tela de amianto.

BALÃO DE FUNDO REDONDO
Utilizado principalmente em sistemas de refluxo e evaporação a vácuo, acoplado a rota-evaporador.

BALÃO VOLUMÉTRICO
Possui volume definido e é utilizado para o preparo de soluções em laboratório.

NOME E UTILIZAÇÃO

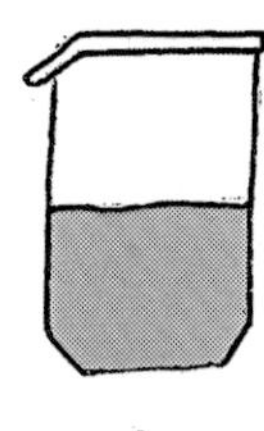

BECKER

É de uso geral em laboratório. Serve para fazer reações entre soluções, dissolver substâncias sólidas, efetuar reações de precipitação e aquecer líquidos. Pode ser aquecido sobre a tela de amianto.

BURETA

Aparelho utilizado em análises volumétricas.

CADINHO

Peça geralmente de porcelana, cuja utilidade é aquecer substâncias a seco e com grande intensidade, por isso, pode ser levada diretamente ao bico de bunsen.

CÁPSULA DE PORCELANA

Peça de porcelana usada para evaporar líquidos das soluções.

CONDENSADOR

Utilizado na destilação, tem como finalidade condensar vapores gerados pelo aquecimento de líquidos.

DESSECADOR

Usado para guardar substâncias em atmosfera com baixo índice de umidade.

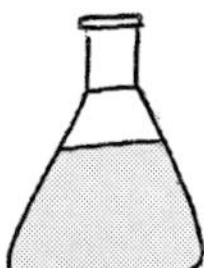

ERLENMEYER

Utilizado em titulações, aquecimento de líquidos e para dissolver substâncias e proceder reações entre soluções.

NOME E UTILIZAÇÃO

FUNIL DE BUCHNER

Utilizado em filtrações a vácuo. Pode ser usado com a função de filtro em conjunto com o kitassato.

FUNIL DE SEPARAÇÃO

Utilizado na separação de líquidos não miscíveis e na extração líquido/líquido.

FUNIL DE HASTE LONGA

Usado na filtração e para retenção de partículas sólidas. Não deve ser aquecido.

KITASSATO

Utilizado em conjunto com o Funil de Buchner em filtrações a vácuo.

PIPETA GRADUADA

Utilizada para medir pequenos volumes. Mede volumes variáveis. Não pode ser aquecida.

PIPETA VOLUMÉTRICA

Usada para medir e transferir volume de líquidos. Não pode ser aquecida, pois possui grande precisão de medida.

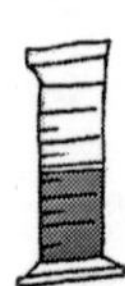

PROVETA OU CILINDRO GRADUADO

Serve para medir e transferir volumes de líquidos. Não pode ser aquecida.

NOME E UTILIZAÇÃO

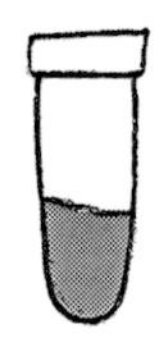

TUBO DE ENSAIO

Empregado para fazer reações em pequena escala, principalmente em testes de reação em geral. Pode ser aquecido com movimentos circulares e com cuidado diretamente sob a chama do bico de bunsen.

VIDRO DE RELÓGIO

Peça de vidro de forma côncava que é usada em análises e evaporações. Não pode ser aquecida diretamente.

ANEL OU ARGOLA

Usado como suporte do funil na filtração.

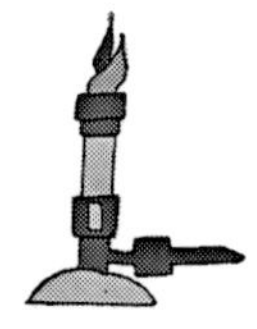

BICO DE BUNSEN

É a fonte de aquecimento mais utilizada em laboratório, mas contemporaneamente tem sido substituído pelas mantas e chapas de aquecimento.

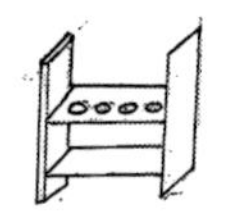

ESTANTE PARA TUBO DE ENSAIO

É usada para suporte dos tubos de ensaio.

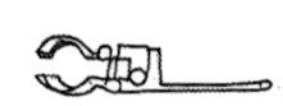

GARRA DE CONDENSADOR

Usada para prender o condensador à haste do suporte ou outras peças, como balões, erlenmeyers etc.

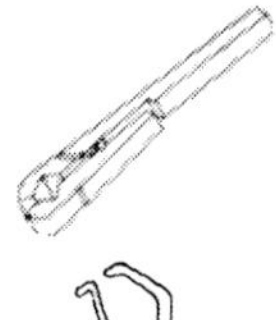

PINÇA DE MADEIRA

Usada para prender o tubo de ensaio durante o aquecimento.

PINÇA METÁLICA

Usada para manipular objetos aquecidos.

NOME E UTILIZAÇÃO

PISSETA OU FRASCO LAVADOR
Usada para lavagens de materiais ou recipientes por meio de jatos de água, álcool ou outros solventes.

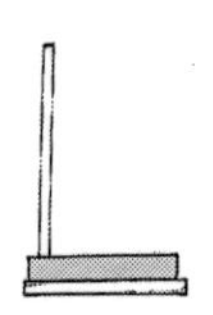

SUPORTE UNIVERSAL
Utilizado em operações como: filtração, suporte para condensador, bureta, sistemas de destilação etc. Serve também para sustentar peças em geral.

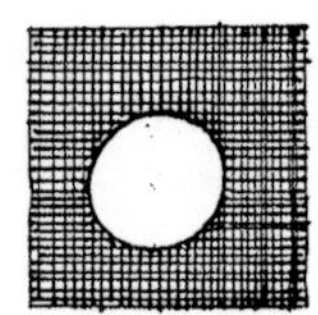

TELA DE AMIANTO
Suporte para as peças a serem aquecidas. A função do amianto é distribuir uniformemente o calor recebido pelo bico de Bunsen.

TRIPÉ
Sustentáculo para efetuar aquecimentos de soluções em vidrarias diversas de laboratório. É utilizado em conjunto com a tela de amianto.

Produtos e Reagentes

Aqui estão listados os materiais e reagentes nas quantidades necessárias para o funcionamento adequado dos laboratórios.

Laboratório de Química e Biologia

Produto	Quantidade
Agitador Magnético sem Aquecimento	1
Anel de ferro com mufa, diâmetro de 7 cm	1
Balança Eletrônica Digital Comercial	1
Balão Volumétrico, cap. 100 ml	40
Balão Volumétrico, cap. 1000 ml	40
Balão Volumétrico, cap. 250 ml	40
Balão Volumétrico, cap. 50 ml	40
Balão Volumétrico, cap. 500 ml	40
Balão Volumétrico, cap. 200ml	40
Balão Volumétrico em PP, cap. 25 ml	40
Balde em PP graduado, 10 litros	10
Balde em PP graduado, 20 litros	10
Bandeja cap. 2,5 litros, em PP	40
Bandeja cap. 8,0 litros, em PP	40
Banho Maria Redondo	1
Bastão 10 x 350 mm	50
Becker cap. 100 ml, autoclavável	40
Becker cap. 1000 ml, autoclavável	40
Becker cap. 150 ml, autoclavável	40
Becker cap. 2000 ml	40
Becker cap. 250 ml, autoclavável	40
Becker cap. 400 ml, autoclavável	40
Becker cap. 4000 ml, autoclavável	40
Becker cap. 50 ml, autoclavável	40
Becker cap. 600 ml, autoclavável	40
Bico de Bunsen com registro de gás	15
Bureta cap. 25ml	40
Bureta cap. 50ml	40

Produto	Quantidade
Bússola portátil tamanho pequeno	5
Caixa em fibra de Papelão	10
Caixa Porta Lâminas 100 lugares	5
Capela para Exaustão de gases	1
Chapa Aquecedora	1
Coletor Perfuro-Cortante, volume de 0,7 litros	5
Crânio com três dentes removíveis	1
Cronômetro	5
Cronômetro Digital com relógio	5
Cubeta de Poliestireno	10
Dessecador sem Vacuômetro	2
Diapasão	5
Dinamômetro	1
Espátula 22 x 150mm em PP	10
Espátula com colher, 150mm	10
Esqueleto	1
Estante (Galeria) p/ Tubos	20
Estante (Galeria) p/ Tubos	20
Estante para microtubos de 1,5ml e 2,0ml	20
Estante para Tubos de Ensaio, 50 x 13 mm	10
Estante para Tubos de Ensaio, 50 x 16 mm	10
Fonte de alimentação 110-127 CA 220V	4
Frasco Almotolia em PE cap. 500ml	10
Frasco Boca Estreita, 1000 ml autoclavável	10
Frasco Boca Estreita, 125 ml autoclavável	10
Frasco Boca Estreita, 250 ml autoclavável	10
Frasco Boca Estreita, 500 ml autoclavável	10
Frasco Boca Larga, 1000 ml autoclavável	10
Frasco Boca Larga, 250 ml autoclavável	10

Produto	Quantidade
Frasco Boca Larga, 500 ml autoclavável	10
Frasco Erlemeyer c/ tampa cap. 1000 ml	40
Frasco Erlemeyer c/ tampa cap. 125 ml	40
Frasco Erlemeyer c/ tampa cap. 250 ml	40
Frasco Erlemeyer c/ tampa cap. 50 ml	40
Frasco Erlemeyer c/ tampa cap. 500 ml	40
Frasco Erlemeyer s/ tampa cap. 1000 ml	40
Frasco Erlemeyer s/ tampa cap. 125 ml	40
Frasco Erlemeyer s/ tampa cap. 250 ml	40
Frasco Erlemeyer s/ tampa cap. 50 ml	40
Frasco Erlemeyer s/ tampa cap. 500 ml	40
Frasco graduado cap. 1000 ml	40
Frasco graduado cap. 125 ml	40
Frasco graduado cap. 250 ml	40
Frasco graduado cap. 500 ml	40
Funil diâmetro de 125 mm	10
Funil diâmetro de 85 mm	10
Gral com Pistilo cap. 100 ml	10
Gral com Pistilo cap. 180 ml	10
Gral com Pistilo cap. 305 ml	10
Gral com Pistilo cap. 60 ml	10
Gral com Pistilo cap. 610 ml	10
Ímãs cilíndricos, ferrite e ferradura	10
Jarra cap. 1000 ml	5
Jarra cap. 2000 ml	5
Jarra cap. 350 ml	5
Jarra cap. 600 ml	5
Kit Básico Escolar com 22 peças	40
Kit de modelos anatômicos 12 peças	10

Produto	Quantidade
Lâmina para Microscopia, caixa com 50 peças	1
Lamínula para Microscopia, caixa com 100 peças	1
Lava-Olhos cap. 500ml	1
Lentes com diferentes distâncias	1
Lupa manual 5cm 2,5x	40
Microscópio Biológico Monocular	1
Minicentrífuga	1
Mufa dupla em alumínio	10
Mufa dupla em alumínio	10
Mufla	10
Multímetro ET 1000 DCV 10 MA	1
Paquímetro digital	5
Pinça de madeira para tubos de ensaio	40
Pinça de madeira para tubos de ensaio	40
Pinça em aço inox para cadinho, 22 cm	40
Pinça em aço inox para cadinho, 22 cm	40
Pinça em aço inox para Frasco e Balão	40
Pinça em aço inox para Frasco e Balão	40
Pinça para bureta com mufa	10
Pinça para bureta com mufa	10
Pinça para condensador com mufa	10
Pinça para condensador com mufa	10
Pipeta de vidro para VHS (Westergreen)	40
Pipeta Pasteur (estéril), pacote com 500 peças	40
Pipeta Pasteur (não estéril), pct com 500 peças	40
Pipeta Sorológica Cap. 10ml (com 10 peças)	10
Pipeta Sorológica Cap. 1ml (com 10 peças)	10
Pipeta Sorológica Cap. 25ml (com 10 peças)	10
Pipeta Sorológica Cap. 2ml (com 10 peças)	10

Produto	Quantidade
Pipeta Sorológica cap. 5ml (com 10 peças)	10
Pisseta graduada cap. 500ml	10
Pisseta s/ graduação cap. 500ml para acetona	10
Pisseta s/ graduação cap. 500ml para água destilada	10
Pisseta s/ graduação cap. 500ml para álcool	10
Pisseta s/ graduação cap. 500ml para detergente	10
Pisseta s/ graduação cap. 500ml para Éter Etílico	10
Pisseta s/ graduação em PE cap. 500ml, cor âmbar	10
Placa de Petri Descart. 150 x 15 mm, com 10 peças	40
Placa de Petri Descart., 60 x 16 mm, com 14 peças	40
Placa de Petri Descart., 90 x 15 mm, com 10 peças	40
Placa de Petri Descart., 96 x 21 mm, com 10 peças	40
Placa de Petri Descart., 40 x 10 mm, com 20 peças	40
Ponteira Amarela 0 a 200 ul, (com 1.000 pçs)	5
Ponteira Azul 200 a 1000 ul, (com 1.000 pçs)	5
Ponteira em Racks, com 100 peças	5
Ponteira em Racks, com 96 peças	5
Ponteira em Racks, com 96 peças	5
Ponteira em Racks, com 96 peças	5
Ponteira em Racks, com 96 peças	5
Ponteira mod. T-300, (pacote com 1.000 peças)	5
Ponteira Mod. T-350-C, (pacote com 1.000 peças)	5
Ponteira Mod.T-1000-B, (pacote com 1.000 peças)	5
Ponteira Mod.T-200Y, (pacote com 1.000 peças)	5
Ponteira Mod.T-400, (pacote com 1.000 peças)	5
Ponteiras Mod. 964 (1 a 5 ml), pct com 100 peças	5
Ponteiras Mod. 984 (1 a 5 ml), pct com 125 peças	5
Ponteiras Mod. MT-IV (1 a 10 ml), pct com 100 pçs	5
Proveta cap. 500ml	40

Produto	Quantidade
Proveta cap. 10 ml	40
Proveta cap. 100 ml	40
Proveta cap. 1000 ml	40
Proveta cap. 2000 ml	40
Proveta cap. 25 ml	40
Proveta cap. 250 ml	40
Proveta cap. 50 ml	40
Pulmão transparente	1
Rack dupla face	1
Rack p/ tubos tipo Falcon	1
Rack para tubos Criogênicos	1
Reostato de 30, 100 e 300 ohms	1
Suporte de Vidraria p/ 25 pçs	5
Suporte Giratório para 64 pipetas	5
Suporte para lente	5
Suporte universal haste 70cm	10
Swab Estéril pacote com 100 peças	5
Tampa para tubo de ensaio	40
Tela de arame c/ refratário 16 x 16 cm	40
Tela de arame c/ refratário 16 x 16 cm	40
Termômetro clínico redondo	5
Tesoura cirúrgica curva	5
Tesoura cirúrgica reta	5
Tripé de Ferro zincado 12 x 20 cm	5
Tripé de Ferro zincado 12 x 20 cm	5
Tubo de ensaio e tampa tipo Flecha	100
Tubo de Ensaio em PS	100
Viscosímetro orifício n.º 4 calibrado	1
Destilador de água	1

Reagentes químicos: adquiridos de acordo com o planejamento das aulas elaborado pelo professor

Produto	Quantidade
Acetona PA	1L
Ácido acético	1L
Ácido clorídrico	1L
Ácido nítrico	1L
Ácido sulfúrico	1L
Água oxigenada	1L
Álcool 96°	1L
Azul de metileno	1L
Bicarbonato de sódio	1kg
Carbonato de cálcio	1kg
Cloreto de cálcio	500g
Cloreto de sódio	1kg
Clorofórmio	500ml
Detergente	1L
Éter	500ml
Fenolftaleína	1L
Formol	1L
Hidróxido de sódio	1L
Permanganato de potássio	1L
Reagente de Benedict	1L
Solução de iodo	1L
Sulfato de cálcio	500g
Sulfato de cobre	500gr
Sulfato de potássio	500gr

Laboratório de Física

Produtos
Cuba de ondas (Ondas estabilizadas / Para retroprojetor)
Mini-kit Calor
Mini-ki Eletromagnetismo - s/ fonte tensão
Mini-ki Eletromagnetismo - c/ fonte de tensão 12VC e 12/24 VA
Mini-kit Ótica - s/ fonte de tensão
Mini-kit Ótica - c/ fonte de tensão 12VC e 12/24 VA
Mini-kit Eletrostática
Mini-kit Eletrostática - c/ globo de plasma
Mini-kit Ondas - s/ fonte de tensão
Mini-kit Ondas - c/ fonte de tensão 12VC e 12/24 VA
Kit Ciências
Kit Explorar I
Kit Astronomia
Kit Química
Kit Microscopia - s/ lâminas preparadas
Kit Microscopia - c/ lâminas preparadas
Kit Câmera estereoscópica - s/ lâminas preparadas
Kit Câmera estereoscópica - c/ lâminas preparadas
Estojo com 10 lâminas de insetos / parasitas

Equipamentos
Looping com duas voltas
Policircuitos para associações de pilhas e lâmpadas
Policircuitos para associações de capacitores
Experimento de Hoop (sem termômetro)
Barômetro/Manômetro de Hg ajustáveis
Pêndulo bifilar com cinco esferas (pêndulo de Newton)

Tubo com bolha para estudo de MRU
Mola espiral longa com presilha fixa e móvel para ondas
Conversor: trabalho em calor
Conversor: trabalho/eletricidade e eletricidade/trabalho
Conversor: trabalho/eletricidade (indução eletromagnética)
Alto-falante, complementos (para gerar ondas) e microfone
Tubo com rarefador para queda livre (tubo de Newton)
Gira discos (Newton / Nipkow / MCU / Estroboscópio)
Calha para lançamento de projétil (queda livre e energia)
Diapasão com caixa e tubos de ressonância
Verificação da 1ª Lei da Termodinâmica
Led com 2 pares de eletrodos p/ imersão em sol. eletrolítica
Calhas paralelas (elevação, plana e depressão) com esferas
Reostato (aprox.40W / 10 a 150ohms)
Corrente de Foucault e Lei de Lenz
Calorímetro, amostras granuladas (Pb, Al, Fe) e termômetro
Lançador de projéteis com disparador simultâneo do alvo
Pêndulo e inércia
Colisões e momento angular
Modelos moleculares
Simulador de comportamento molecular de um gás

Sabe-se que outros produtos de consumo certamente serão necessários para executar as atividades práticas, como ovos, leite, fermento, farinha, açúcar, sal, sementes, entre muitos outros. Porém, tratando-se de produtos perecíveis, pode ser solicitado aos alunos que tragam de casa na véspera da realização da atividade, caso a escola não disponha de recursos imediatos para sua aquisição.

GESTÃO

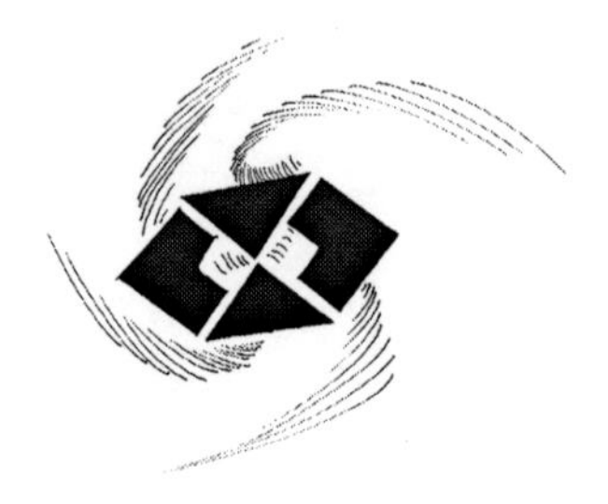

Após o laboratório estar montado e pronto para o uso, deve-se pensar na gestão desse espaço, pois ele deve estar sempre organizado, limpo e ter os materiais e reagentes mínimos para as aulas. Esses materiais devem estar acondicionados adequadamente e dentro do prazo de validade. Para Luft (2001), a palavra Gestão pode ser definida como "ação ou efeito de gerir; gerência; administração". Dessa forma, Gestão é um conjunto de ações e procedimentos, partindo desde o (1) planejamento, (2) organização, (3) implantação de metodologias, execução de tarefas, ao acompanhamento e controle destas.

Planejamento

No enfoque de um laboratório de ciências, o planejamento fica a cargo dos professores das disciplinas cujos conteúdos podem ser ministrados por meio de aulas práticas. Nesse sentido, seria basicamente elaborar e apresentar à direção da escola um cronograma com todos os experimentos que serão realizados durante o ano letivo. Isso inclui materiais e produtos, bem como equipamentos. Estes, pela especificidade e custo financeiro, devem ter sua aquisição devidamente justificada. Esse planejamento pode ser feito por meio do Plano de Aula. De posse disso, a direção poderá fazer o seu planejamento anual, inclusive no que se refere à ocupação do espaço, mas principalmente de compras de produtos e materiais. Esse levantamento é essencial para evitar desperdícios e formação de estoques, que demandam armazenamento adequado, ocupando um espaço que a escola nem sempre possui. Além disso, evita também o risco de que os prazos de validade sejam ultrapassados.

Organização

O laboratório é um espaço de uso comum, portanto, devem existir regras de ocupação e conduta a serem observadas por todos os usuários.

Materiais e Produtos

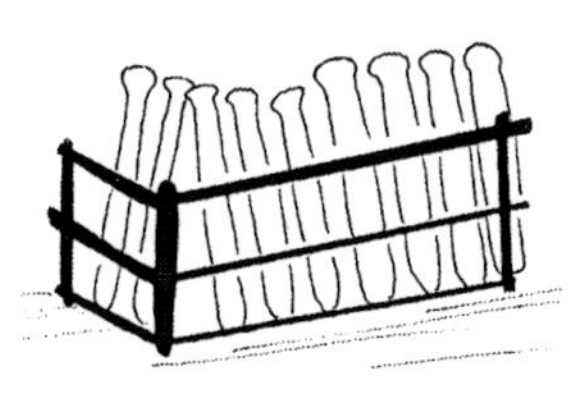

No laboratório deve existir, no mínimo, um armário para guardar as vidrarias, materiais e produtos. Este deve possuir chave e o acesso deve ser liberado somente à pessoa responsável vinculada à escola.

Higiene e Limpeza

A limpeza deve ser feita diariamente e assim que cada aula terminar, sendo que os próprios alunos podem se encarregar da tarefa, arrumando as bancadas e equipamentos após o uso, bem como lavando as vidrarias e demais materiais reutilizáveis. A limpeza mais pesada, e que exija o uso de produtos próprios, como pias e assoalhos, deverá ser feita pelos funcionários encarregados da limpeza e sob orientação do professor responsável pela prática.

Agendamento

Este é necessário para evitar imprevistos no uso do espaço, já que se trata de uma única sala para atender todas as turmas da escola. Dessa forma, o professor deve agendar antecipadamente o local para as aulas, informando, inclusive, as práticas experimentais que serão realizadas, bem como os materiais e reagentes que serão utilizados. O agendamento poderá ser feito já durante os planejamentos, reuniões pedagógicas ou diariamente, conforme a necessidade e a disponibilidade de horário para o uso do laboratório. Visando ao maior controle, tais agendamentos devem ser feitos em formulário próprio, conforme modelo a seguir, ou por qualquer controle que melhor se adeque às necessidades da escola. Geralmente, o controle fica a cargo da secretaria da escola ou a quem a direção determinar.

Modelo de Ficha para Controle de uso e agendamento do laboratório

<table>
<tr><th colspan="5">Controle do Uso do Laboratório</th></tr>
<tr><td colspan="5">Escola:</td></tr>
<tr><td colspan="5">Responsável:</td></tr>
<tr><td>Data</td><td>Horário</td><td>Turma</td><td>Professor</td><td>Disciplina</td></tr>
<tr><td></td><td></td><td></td><td></td><td></td></tr>
<tr><td></td><td></td><td></td><td></td><td></td></tr>
<tr><td></td><td></td><td></td><td></td><td></td></tr>
<tr><td></td><td></td><td></td><td></td><td></td></tr>
<tr><td></td><td></td><td></td><td></td><td></td></tr>
</table>

Segurança

O laboratório de ciências é um espaço de curiosidade, descobrimento e construção do conhecimento. Entretanto, ao mesmo tempo, é um local que apresenta substâncias e equipamentos que podem colocar em risco a integridade do aluno, devido à manipulação inadequada de materiais e reagentes. Para evitar acidentes, o professor deverá orientar e supervisionar toda a atividade prática. A escola deverá proporcionar, na medida de seus recursos, equipamentos de proteção individuais simples, como aventais, luvas e óculos de proteção. De acordo com Machado (2005), para minimizar os riscos inerentes às atividades, os professores devem:

- adotar todos os procedimentos de segurança, educando também por meio do exemplo;
- debater previamente com os alunos normas de segurança a serem adotadas durante as atividades práticas;
- planejar atividades experimentais, priorizando experimentos simples e seguros;
- manter-se atento à conduta de seus alunos, registrando, para posterior avaliação, qualquer tipo de incidente ou acidente ocorrido no laboratório.

Gestão de Resíduos

Outro aspecto de extrema importância é a destinação das substâncias e materiais após a realização das atividades práticas. De acordo com Afonso et al. (2005), rotinas de tratamento de resíduos gerados em laboratório devem seguir idealmente etapas de: recuperação e reutilização de elementos de interesse, obtenção de rotas seguras de descarte de sólidos inservíveis e obtenção de efluentes líquidos neutralizados e livres de espécies químicas tóxicas que possam ser descartados na pia do laboratório. Por essa razão, trataremos desse assunto separadamente, na próxima parte deste livro.

Implantação de Metodologias, Execução de Tarefas e Acompanhamento e Controle destas

Esses itens se referem aos métodos que devem ser utilizados, objetivando alcançar as metas traçadas no planejamento e na organização. No que se refere ao primeiro item, as metodologias dizem respeito ao preenchimento de formulários e planilhas que subsidiarão o planejamento geral da escola. No segundo, ao cumprimento dos procedimentos adotados pela escola em cada um dos itens elencados. Por isso, é imprescindível que a direção da instituição avalie constantemente se todas as regras estão sendo fielmente cumpridas. Apesar de a responsabilidade pertencer a cada um dos envolvidos no processo, cabe aos gestores fiscalizar e zelar pelo bom andamento das atividades e do espaço. A seguir, apresentamos modelos de fichas para melhor controle do laboratório.

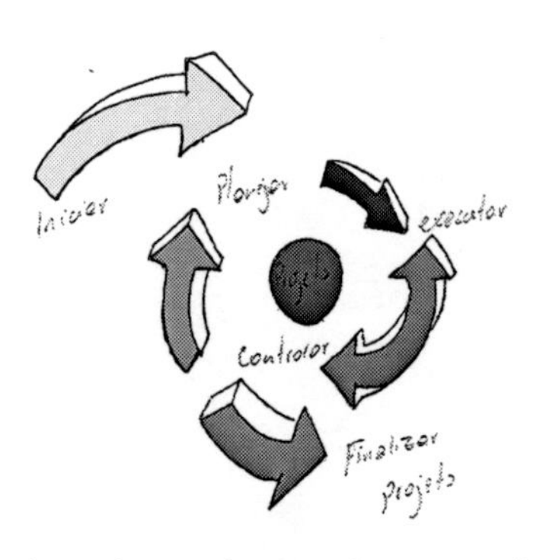

Modelo de Ficha para Controle do Uso de Materiais e Reagentes do Laboratório

Controle do Uso de Materiais e Reagentes do Laboratório				
Escola:				
Responsável:				
Data	Produto	Material	Professor	Disciplina/ Experimento

Modelo de Ficha para Controle de Prazo de Validade dos Produtos

Controle de Prazo de Validade dos Produtos			
Escola:			
Responsável:			
Datas		Quantidade	Produto
Compra	Vencimento		

Modelo de Ficha para Controle de Estoque

Controle de Estoque						
Escola:						
Responsável:						
Data	Produto	Quantidades			Solicitante	Disciplina
		Comprada	Utilizada	Restante		

Obs.: Quando se referir a materiais, a quantidade utilizada pode ser entendida como aqueles que por alguma razão deixaram de ser utilizados (vidrarias quebradas, pinças estragadas, entre outros).

PLANO DE SEGURANÇA EM ATIVIDADES EXPERIMENTAIS E DE GESTÃO DE RESÍDUOS, PRODUTOS E MATERIAIS BIOLÓGICOS EM LABORATÓRIOS ESCOLARES

As atividades experimentais praticadas em laboratórios tanto de ensino quanto de pesquisa são importantes e fundamentais nas instituições de ensino, especialmente quando tratamos de universidades, órgãos de pesquisa e escolas comprometidas com o desenvolvimento da ciência, tecnologia e na construção do conhecimento.

Porém tais atividades, embora importantes para o aprendizado, geram resíduos que até mesmo por desconhecimento acabam sendo descartados de forma errônea, podendo causar prejuízos ao meio ambiente e à saúde humana. Segundo Gimenez et al. (2006), a implementação, nas escolas, de uma política interna de gerenciamento de rejeitos pode contribuir para despertar no aluno o interesse e o envolvimento do aluno em um tema de extrema importância, podendo promover um comportamento diferenciado e socialmente correto. Os autores ressaltam, ainda, que os gestores deveriam investir em um gerenciamento adaptado à realidade das escolas, independentemente do tipo de resíduo produzido. Isso seria de grande "importância educacional para a formação do estudante como cidadão ativo na melhoria das condições de vida na sociedade" (GIMENEZ et al., 2006, p. 34). Outro fator importante a ser considerado e que agrava ainda mais a situação é o fato de que a realidade atual das escolas é pautada pela falta de pessoal de apoio, o que causa sobrecarga aos professores, pois cabe a eles mesmos a tarefa de conduzir e limpar o local, bem como o material utilizado. Na maioria das vezes, há pouco ou nenhum tempo para isso, tendo em vista a carga horária a que estão submetidos. Dessa forma, com o intuito de desenvolver o uso racional e adequado de produtos químicos e materiais biológicos usados em laboratórios, bem como a manutenção e preservação dos recursos naturais em busca da sustentabilidade ambiental, este projeto vem propor um Plano de Segurança em Atividades Experimentais e de Gestão de Resíduos, Produtos e Materiais Biológicos em Laboratórios Escolares. Elaboramos esta proposta pensando em auxiliar tanto os professores como os gestores das escolas, sugerindo formas de gerir os resíduos, primeiramente reduzindo sua geração, tratando ou reciclando, e finalmente descartando com segurança, sem perigo à saúde humana e sem causar danos ao meio ambiente.

A figura a seguir ilustra o caminho a ser percorrido pelos resíduos, com a finalidade esclarecer o usuário do laboratório sobre os procedimentos a serem seguidos.

Fluxograma para a Gestão de Resíduos Laboratoriais

CLASSIFICAÇÃO

Busca destacar a composição dos resíduos de acordo com suas características biológicas, físicas, químicas, estado da matéria e origem como meio para o seu manejo seguro (NBR 10.004/87, p. 2).

Resíduos Perfurocortantes

Devido às suas características, formam uma das principais fontes potenciais de riscos acidentais, tanto físicos quanto de doenças infecciosas. Geralmente, são constituídos por agulhas, ampolas ou seringas, pipetas, lâminas de bisturi, lâminas de barbear e qualquer vidraria quebrada.

Resíduos Químicos

São representados pelas substâncias químicas ou resíduos de tais substâncias que, invariavelmente, apresentam riscos à saúde e ao meio ambiente característicos às suas propriedades específicas. Constituem-se por reagentes orgânicos ou inorgânicos tóxicos, corrosivos, inflamáveis, explosivos, teratogênicos etc.

Resíduos Biológicos

São aqueles que apresentam resíduos com a possível presença de agentes biológicos e que podem, devido às suas características, apresentar risco de infecção. Citamos como exemplo o material contaminado com sangue, os meios de cultura e as sobras de amostras biológicas, dentre outros.

Resíduos Comuns

São aqueles constituídos por todos os resíduos que não se enquadram em nenhuma das categorias citadas anteriormente e que, por sua semelhança com os resíduos domésticos comuns (lixo doméstico), podem ser considerados como tais.

ACONDICIONAMENTO OU ARMAZENAMENTO TEMPORÁRIO

Consiste no ato de embalar os resíduos segregados em sacos ou recipientes que evitem vazamentos e que resistam às ações de punctura e ruptura. A capacidade de tais recipientes de acondicionamento deve ser compatível com a geração diária de cada tipo de resíduo. Esse procedimento deve ser realizado dentro do próprio laboratório, em local adequado, aguardando a retirada pela pessoa responsável em períodos pré-determinados. Os recipientes de resíduos sólidos que serão utilizados devem atender uma demanda previamente planejada de consumo destes.

Resíduos Sólidos

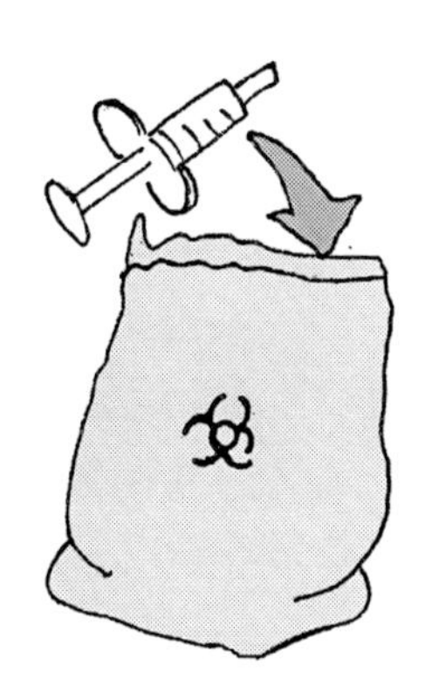

Devem ser acondicionados em saco constituído de material resistente a ruptura e vazamento, que seja impermeável, conforme determinado pela NBR 9191/2000 da ABNT, respeitados os limites de peso de cada saco. O seu esvaziamento ou reaproveitamento é proibido. Os sacos devem estar contidos em recipientes de material lavável, resistente à punctura, ruptura e vazamento, com tampa provida de sistema de abertura sem contato manual, com cantos arredondados, e ser resistente ao tombamento. Os recipientes de acondicionamento necessitam de tampa para vedação.

Resíduos Líquidos

Devem ser acondicionados em recipientes constituídos de material compatível com o líquido armazenado, que sejam resistentes, rígidos e estanques. Também devem possuir tampa com rosca e com vedação.

Resíduos Perfurocortantes

Devem ser descartados separadamente, no local de sua geração, imediatamente após seu uso, em recipientes rígidos, resistentes a punctura e vazamento, com tampa, e devidamente identificado, sendo expressamente proibido o esvaziamento desses recipientes para reaproveitamento. Agulhas descartáveis devem ser desprezadas juntamente com as seringas, sendo proibido reencapá-las.

DESCONTAMINAÇÃO, NEUTRALIZAÇÃO E REAPROVEITAMENTO

Descontaminação: consiste na redução ou remoção de micro-organismos, ou supressão do agente ativo por métodos quimiomecânicos. Materiais que permanecerão no laboratório para experimentos futuros devem ser limpos, desinfetados e/ou esterilizados.

Neutralização: consiste em extinguir ou alterar a propriedade de um corpo pela ação de outro, tornando-o inofensivo.

Reaproveitamento: também denominado reciclagem, procura fazer a reutilização de materiais beneficiados como matéria-prima para um novo produto.

SUGESTÃO PARA TRATAMENTOS DE RESÍDUOS: DESCONTAMINAÇÃO, NEUTRALIZAÇÃO E REAPROVEITAMENTO

Em função dos parcos recursos das escolas da rede pública, torna-se difícil adquirir equipamentos que possam ser utilizados na esterilização de materiais. Com base nisso, buscamos propor formas simples e de baixo custo de esterilização e que poderão ser feitas no laboratório.

TABELA 1 – MATERIAIS DE LABORATÓRIO

MATERIAL	PROCEDIMENTO
Vidraria em geral (tipo tubos de ensaio, frascos, pipetas, entre outros)	➢ Contaminados ou sujos com material proteico: após o uso, emergi-los em solução de hipoclorito de sódio a 1% em vasilhames apropriados (pipetas Pasteur e demais separadamente) por, no mínimo, 12 horas; ➢ Vidraria suja com material aderente (Nujol, Percoll, Adjuvantes oleosos etc.): lavar em água corrente (torneira comum) e colocá-los em solução de Extran a 2% próximos à pia das salas dos laboratórios por um período mínimo de quatro horas (Pipetas Pasteur e demais separadamente). Observação: A vidraria maior que não couber dentro dos vasilhames deve ser tratada colocando-se a solução desinfetante ou detergente dentro dela; ➢ Vidrarias utilizadas com água ou soluções tampões sem proteínas: os frascos deverão ser lavados pelo próprio usuário, em água corrente, e, em seguida, três vezes em água destilada, colocados para secar deixando-os emborcados sobre papel toalha no laboratório, próximo à pia. Após secarem, deverão ser tampados com papel alumínio e guardados nos armários. Tubos e pipetas deverão ser processados como se estivessem contaminados; ➢ Pipetas sujas com gel: colocar em vasilhames separados e ferver antes de juntar as demais pipetas.

MATERIAL	PROCEDIMENTO
Lâminas e Lamínulas	➢ Colocar nos vasilhames apropriados e rotulados para estas, com solução de hipoclorito a 1%. Após o trabalho, colocar as lâminas e lamínulas em vasilhames separados. Lavar as lamínulas no laboratório e colocar em vasilhames contendo álcool.
Câmara e Lamínula de Neubauer e Homogeneizadores de Vidro	➢ Após uso, colocar em vasilhame imergindo em hipoclorito a 1%. Após uma hora, lavar em água corrente, secar e guardar.
Frasco, tubos de ensaio, seringas, ponteiras e tampas – material plástico	➢ Contaminados: imergir em hipoclorito de sódio a 1% no mesmo vasilhame utilizado para as vidrarias, com exceção das ponteiras, que deverão ser colocadas em recipientes menores, separados. Observação: Encher as ponteiras com a solução de hipoclorito ao desprezá-las; ➢ Não contaminados, porém sujos com material aderente (adjuvante oleoso, Nujol, Percoll etc.): lavar em água corrente e imergir em Extran a 2% por tempo mínimo de quatro horas em vasilhame apropriado; ➢ Material plástico utilizado com água ou soluções tampões sem proteínas: os frascos deverão ser lavados pelo próprio usuário, em água corrente e, em seguida, três vezes em água destilada, colocados para secar deixando-os emborcados sobre papel toalha no laboratório, próximo à pia. Após secarem, deverão ser tampados com papel alumínio e guardados nos armários. Tubos e pipetas deverão ser processados como se estivessem contaminados.
Pipetas Descartáveis	➢ Contaminadas: colocar no vasilhame para pipeta de vidro; ➢ Sujas com material aderente: lavar em água corrente e colocar no vasilhame para pipeta de vidro.
Tampas pretas de poliestireno	➢ Imergir em formol a 10% ou glutaraldeído a 2% por um mínimo de 24 horas ou duas horas, respectivamente.

MATERIAL	PROCEDIMENTO
Agulhas descartáveis	➢ Contaminadas: após o uso, imergir no vasilhame de paredes duras contendo formol a 10%, para isso destinado, pelo menos 24 horas. Observação: DESPREZÁ-LAS SEM USAR O PROTETOR, a fim de se evitar o risco de acidentes (punção acidental do dedo). ➢ Sujas com material aderente: desprezá-las com o respectivo protetor bem preso. Após a descontaminação, deverá ser incinerado.
Material Cirúrgico	➢ Contaminado: fazer a autoclavação em equipamento específico.
Tampões de Gaze	➢ Molhados com cultura: colocar no vasilhame com hipoclorito de sódio a 1% para ser desprezado após desinfecção; ➢ Secos: devem ser descartados.

FONTE: <http://www.cro-rj.org.br/biosseguranca/manual%20biosseguranca%20praticas%20corretas.pdf>

Apresentamos também as tabelas 1 e 2, que ilustram exemplos de experimentos realizados no ensino médio e que mostram os reagentes utilizados, os resíduos gerados e uma proposta para o gerenciamento destes.

TABELA 2 – PROPOSTA DE GERENCIAMENTO DAS AULAS PRÁTICAS DA DISCIPLINA QUÍMICA GERAL

Aula Prática	Reagente	Resíduo	Gerenciamento
Exp. 01- Processos Gerais de Separação de Misturas	$CaCO_{3(g)}$; H_2O, Óleo;	$CaCO_{3(g)}$; H_2O; Óleo;	Insumo para o Exp. 01. Descartar na pia; Insumo para o Exp. 01.
Exp. 02- Fenômenos Químicos e Físicos	$Pt_{(s)}$, $Mg_{(s)}$	$Pt_{(s)}$, $MgO_{(s)}$	Insumo para o Exp. 02; Insumo para o Exp. 04. (Q. Geral Superior)
Exp. 03- Semelhanças e diferenças nas propriedades químicas dos elementos de uma família da T.P.	$Na_{(s)}$; H_2O; KI, $Pb(NO_3)_2$	NaOH; PbI_2; $K(NO_3)_2$	Neutralizar e descartar na pia. Rejeito; Resíduo
Exp. 04- Condutividade Elétrica dos Compostos	$Sn_{(s)}$; $C_{12}H_{22}O_{11(s)}$	$Sn_{(s)}$; $C_{12}H_{22}O_{11(fundido)}$	Insumo para o Exp. 02 e 04. Diluir e descartar na pia;
Exp. 05- Polaridade Molecular e Solubilidade de Substâncias	H_2O; Óleo; C_6H_6; Óleo	H_2O; Óleo C_6H_6+ Óleo	Descartar na pia; Insumo para o Exp. 01 e 05. Rejeito

FONTE: Alecrim et al., 2007

TABELA 3 – PROPOSTA DE GERENCIAMENTO DAS AULAS PRÁTICAS DA DISCIPLINA QUÍMICA

Aula Prática	Reagente	Resíduo	Gerenciamento
Exp. 01- Determinação da Fórmula Molecular de um sal hidratado	$CuSO_4.5\,H_2O$	$CuSO_4$	Insumo para Química Geral
Exp 02- Determinação da Densidade de sólidos, líquidos e gases	Óleo; Clorofórmio; Sonrisal	Óleo; Clorofórmio; Sonrisal	Insumo para o Exp. 02; Insumo para o Exp. 05. Neutralizar e descartar na pia.
Exp. 03- Determinação do Ponto de Fusão de uma Substância	C_6H_5COOH; $C_6H_5COOH_{(capilar)}$; NH_2CONH_2; Óleo	NH_2CONH_2; C_6H_5COOH; C_6H_5COOH e NH_2CONH_2; $C_6H_5COOH_{(capilar)}$	Insumo para o Exp. 03 Rejeito;
Exp. 04- Reatividade dos Metais; Uso da TP de potenciais de oxirredução; Deslocamentos entre Metais	Na; Mg; Al; Zn; Fe; Cu; $HCl_{(aq)}$ $C_{12}H_{22}O_{11(s)}$	$NaCl_{(aq)}$; $MgCl_2$; $AlCl_2$; $FeCl_2$; $ZnCl_2$; $CuCl_2$	Descartar na pia; Insumo para Química Analítica Qualitativa;
Exp. 05- Reatividade dos Ametais; Deslocamento entre ametais; Propriedades dos Halogênios.	HCl; $KMnO_4$; I_2 $CHCl_{3(aq)}$; C_2H_5OH; $C_6H_{10}O_5$	$HCl_{(aq)}$; $KMnO_{4(aq)}$ $CHCl_{3(aq)}$; I_2; $C_6H_{10}O_5$	Insumo para o Exp. 02. Insumo para Inorg. Superior Rejeito

FONTE: Alecrim et al., 2007

ARMAZENAMENTO

Para uma armazenagem adequada, é fundamental que cada material ou substância esteja acondicionado em frasco compatível e apropriadamente rotulado. Os reagentes devem permanecer com seus rótulos originais. Quando isso não for possível, a etiqueta deve conter, no mínimo, o nome químico, a composição e os principais riscos. Em caso de soluções, o rótulo deverá ter também a data de preparação e o nome do responsável por ela (MACHADO; MÓL, 2008). Cabe ressaltar que todos os produtos devem ser armazenados em local protegido por chave (armário) e somente um adulto responsável vinculado à escola poderá abri-lo. Alunos jamais devem ter acesso a tais produtos livremente.

TABELA 4 – EXEMPLOS DE ARMAZENAMENTO DOS PRODUTOS QUÍMICOS MAIS UTILIZADOS NAS ESCOLAS

TIPO DE PRODUTO	PROCEDIMENTO
Compostos Químicos	Não podem estar expostos à luz direta do sol ou do calor e devem ser guardados segundo suas classes de reatividade (inflamáveis com inflamáveis, oxidantes com oxidantes etc.); deve haver uma lista de compostos compatíveis e incompatíveis para consulta; os compostos incompatíveis devem estar separados uns dos outros durante a armazenagem.

TIPO DE PRODUTO	PROCEDIMENTO
Ácidos	Deve estar em armário próprio para produtos corrosivos; as garrafas de ácidos grandes devem estar armazenadas nas prateleiras baixas; os ácidos oxidantes devem estar separados dos ácidos orgânicos e de materiais combustíveis e inflamáveis; os ácidos devem estar separados das bases, de metais reativos como o sódio, magnésio e potássio; os ácidos devem estar afastados dos compostos com os quais podem gerar gases tóxicos por contato, tais como o sódio, o cianeto etc.
Bases	Devem estar armazenadas longe dos ácidos; as soluções de hidróxidos inorgânicos devem estar armazenadas em frascos de plástico (Polietileno).
Compostos Que Formam Peróxidos	Devem estar armazenados em recipientes que não deixem entrar o ar e a luz, devem ficar num local fresco e seco; devem ser destruídos adequadamente antes da data do prazo de validade.
Compostos Reativos Com Água	Devem estar armazenados em local seco e fresco.
Oxidantes	Os oxidantes devem estar armazenados longe de agentes redutores, compostos inflamáveis ou combustíveis e guardados ao abrigo do ar.

FONTE: Revista Eletrônica Nutritime, v. 3, n. 1, p. 313-291, jan./fev. 2006

Também os resíduos gerados em cada aula prática precisam ser armazenados, uma vez que nem todos podem ser descartados. Assim, após a realização de cada experimento, todos os resíduos gerados, tanto líquidos como sólidos, devem ser dispostos em recipientes adequados e identificados com seus respectivos rótulos para estocagem até o destino final. Esse procedimento poderá ser realizado pelos próprios alunos e tem dois propósitos: ilustrar o processo de eliminação de rejeitos e formar uma consciência de preservação do meio ambiente. Para melhor segurança, é preciso seguir algumas recomendações quanto aos rótulos. São elas:

- preenchê-los com caneta esferográfica azul ou preta, evitando o uso de caneta tipo hidrocor ou pincel atômico;
- certificar-se de que contenham todas as informações sobre os componentes das misturas existentes no frasco, tanto os solutos como os solventes, indicando, inclusive, possíveis riscos na operação de tratamento. Caso seja indicado apenas o solvente principal, pode gerar problemas no tratamento adequado;
- para fixação dos rótulos nos frascos, utilizar aplicação de cola plástica. Nunca fazer uso de fita adesiva, pois esta resseca com o tempo e pode causar a perda do rótulo devido à estocagem.

A seguir, propomos três tipos de rótulos, convencionando definições a cada um deles (ALECRIM et al., 2007).

Proposta de Rótulos

INSUMO	RESÍDUO	REJEITO
Nome:	Nome:	Nome:
Escola:	Escola:	Escola:
Disciplina:	Disciplina:	Disciplina:
Turma:	Turma:	Turma:
Professor:	Professor:	Professor:
Data:	Data:	Data:

FONTE: Alecrim et al., 2007

Conceito

Insumo

Produto originado de qualquer processo químico e que já possui destino de reutilização definida. Forma de identificação: rótulos de tarja verde.

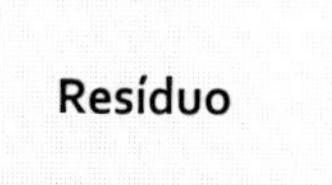

Material que pode ser aproveitado em outro experimento, pois não possui uma reutilização definida. Forma de identificação: rótulos de tarja amarela.

Material que é um resíduo, que não apresenta utilidade alguma, e precisa ser tratado e descartado. Forma de identificação: rótulos de tarja vermelha.

FONTE: Alecrim et al., 2007

DESCARTE

É o destino final do resíduo. Temos como exemplo o lixo urbano, que é descartado no aterro sanitário. Somente quando o resíduo não oferece periculosidade ao meio ambiente ou à saúde humana é que ele pode ser facilmente descartado no ralo da pia ou no lixo comum. Para os demais, existem regras a serem cumpridas. A seguir, elencamos aquelas mais usuais em laboratórios escolares.

Resíduos Perfurocortantes

Para descartá-los com segurança, é preciso utilizar recipientes de paredes rígidas, com tampa e de preferência que sejam resistentes à autoclavagem. Esses recipientes devem ser identificados com etiquetas autocolantes, contendo informações sobre qual experiência estava sendo realizada e que substâncias continham quando foram quebrados. Embalar os recipientes, após tratamento para descontaminação, em sacos adequados para descarte identificados como material perfurocortantes e descartar como lixo comum, caso não sejam incinerados. Quando se tratar de agulhas, estas não devem ser retiradas da seringa após o uso. Descarta-se tudo junto para evitar a reutilização.

Resíduos Químicos

Devem ser consideradas todas as etapas de seu descarte com a finalidade de minimizar, não só acidentes decorrentes dos efeitos agressivos imediatos (corrosivos e toxicológicos), como os riscos cujos efeitos venham a se manifestar a longo prazo, tais como os teratogênicos, carcinogênicos e mutagênicos. Para a realização dos procedimentos adequados de descarte, é importante a observância do grau de toxicidade e do procedimento de não mistura de resíduos de diferentes naturezas e composições. Com isso, é evitado o risco de combinação química e combustão, além de danos ao ambiente de trabalho e ao meio ambiente. Para tanto, é necessário que a coleta desses tipos de resíduos seja periódica. Os resíduos químicos devem ser tratados antes de descartados. Os que não puderem ser recuperados devem ser armazenados em recipientes próprios para posterior descarte. No armazenamento de resíduos químicos, devem ser considerados a compatibilidade dos produtos envolvidos, a natureza destes e o volume.

Resíduos inorgânicos Tóxicos e suas Soluções Aquosas

Sais inorgânicos de metais tóxicos e suas soluções aquosas devem ser previamente diluídos a níveis de concentração que permitam o descarte direto na pia, em água corrente.

TABELA 5 – CONCENTRAÇÕES MÁXIMAS PERMITIDAS AO DESCARTE DIRETO NA PIA

PRODUTO/RESÍDUOS		QUANTIDADE
Metal	Cádmio	no máximo 1 mg/L
	Chumbo	no máximo 10 mg/L
	Zinco	no máximo 5 mg/L
	Cobre	no máximo 5 mg/L
	Cromo	no máximo 10 mg/L
	Prata	no máximo 1 mg/L
TIPO DE RESÍDUO	**PROCEDIMENTO**	
Resíduos inorgânicos ácidos e suas soluções aquosas	Diluir com água, neutralizar com bases diluídas e descartar na pia em água corrente.	

Resíduos inorgânicos básicos e suas soluções aquosas	Diluir com água, neutralizar com ácidos diluídos e descartar na pia em água corrente.
Resíduos inorgânicos neutros e suas soluções aquosas	Diluir com água e descartar na pia em água corrente.

FONTE: Manual de Biossegurança. Disponível em: <http://www.cro-rj.org.br/biosseguranca/Manual%20Biosseguranca%20praticas%20corretas.pdf>

Procedimentos de Descarte

Cada uma das categorias de resíduos de reagentes orgânicos ou inorgânicos relacionados na tabela abaixo deve ser separada, acondicionada, de acordo com procedimentos e formas específicas e adequadas a cada uma delas. Além do símbolo identificador da substância, na embalagem contendo esses resíduos, deve ser afixada uma etiqueta autoadesiva, preenchida em grafite contendo as seguintes informações: laboratório de origem, conteúdo qualitativo, classificação quanto à natureza e advertências. Os rejeitos orgânicos ou inorgânicos sem possibilidade de descarte imediato (lixo comum) devem ser armazenados em condições adequadas específicas. Os resíduos orgânicos ou inorgânicos deverão ser desativados com o intuito de transformar pequenas quantidades de produtos químicos reativos em produtos derivados inócuos, permitindo sua eliminação sem riscos.

Os resíduos que serão armazenados para posterior recolhimento e descarte/incineração devem ser recolhidos separadamente em recipientes coletores impermeáveis a líquidos, resistentes, com tampas com rosca para evitar derramamentos e fechados para evitar evaporação de gases.

TABELA 6 – PROCEDIMENTOS DE DESCARTE

<table>
<tr><th colspan="3">PRODUTO/RESÍDUOS</th><th colspan="2">QUANTIDADE</th></tr>
<tr><td rowspan="2">Resíduos inorgânicos insolúveis em água</td><td colspan="2">Com risco de contaminação ao meio ambiente</td><td colspan="2">Sem risco de contaminação ao meio ambiente</td></tr>
<tr><td colspan="2">Armazenar em frascos etiquetados e de conteúdo similar, para posterior recolhimento.</td><td colspan="2">Coletar em saco plástico e descartar como lixo comum.</td></tr>
<tr><td>Resíduos orgânicos e suas soluções aquosas tóxicas</td><td colspan="4">Coletar em frascos etiquetados e de conteúdo similar para posterior recolhimento.</td></tr>
<tr><td rowspan="2">Resíduos orgânicos sólidos insolúveis em água</td><td colspan="2">Com risco de contaminação ao meio ambiente</td><td colspan="2">Sem risco de contaminação ao meio ambiente</td></tr>
<tr><td colspan="2">Armazenar em frascos etiquetados e de conteúdo similar para posterior recolhimento.</td><td colspan="2">Coletar em sacos plásticos e descartar em lixo comum.</td></tr>
<tr><td rowspan="2">Resíduos de solventes orgânicos</td><td>Solventes halogenados puros ou em mistura</td><td>Solventes isentos de halogenados, puros ou em mistura</td><td>Solventes isentos de toxicidade, puros ou em solução aquosa, utilizados em grande volume</td><td>Solventes que formam peróxidos e suas misturas</td></tr>
<tr><td>Armazenar em frascos etiquetados e de conteúdo similar para posterior recolhimento.</td><td>Coletar em frascos etiquetados e de conteúdo similar, para posterior incineração.</td><td>Coletar em frascos etiquetados e de conteúdo similar para posterior recuperação.</td><td>Coletar em frascos, adicionar substâncias que impeçam a formação de peróxidos, etiquetar, para posterior incineração.</td></tr>
</table>

FONTE: Manual de Biossegurança. Disponível em: <http://www.cro-rj.org.br/biosseguranca/Manual%20Biosseguranca%20praticas%20corretas.pdf>

OUTRAS INFORMAÇÕES IMPORTANTES

Além das informações explanadas anteriormente, sentimos a necessidade de expor outros tópicos, igualmente importantes e relevantes, a fim de complementar e reforçar as ideias propostas neste trabalho.

EQUIPAMENTOS DE PROTEÇÃO E SEGURANÇA

Sobre proteção e segurança dentro de um laboratório, temos a coletiva e a individual, cada qual destacada abaixo.

Coletiva

Os equipamentos de proteção coletiva – EPCs – permitem a realização de operações sob condições mínimas de risco, resguardando a saúde dos envolvidos em atividades funcionais (DEL PINO; KRÜGER, 1997; CARVALHO, 1999; CIENFUEGOS, 2001). São exemplos de EPCs:

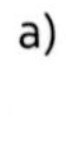
a)

Capela de Exaustão

b)

Extintores de Incêndio

c)

Caixa de Primeiros Socorros

d)

Chuveiro Lava-Olhos

e)

Chuveiro

Individual

a)

Avental: é necessário que esse item siga algumas regras, como possuir manga longa, ser composto de tecido 100% algodão, ter alça na parte de trás e ser, preferencialmente, na cor clara. Deve ser usado abotoado sempre que se estiver manipulando produtos.

b)

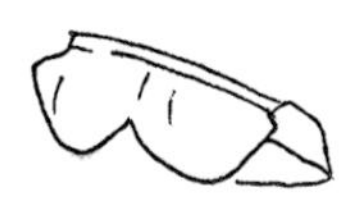

Óculos transparentes

c)

Máscara

d)

Luvas

PRODUTOS QUÍMICOS E SAÚDE

Para auxiliar o professor nas aulas práticas e na segurança destas, mostramos essa tabela, que traz os principais riscos em relação aos produtos mais utilizados em laboratórios escolares, e possíveis riscos à saúde decorrente da exposição a alguns produtos químicos.

TABELA 7 – PRODUTOS QUÍMICOS E RISCOS À SAÚDE

Produto	Risco à saúde
Acetileno	Transforma-se em narcótico quando se mistura com o oxigênio, provocando sonolência e perda dos sentidos.
Ácido nítrico	É tóxico para pele, os olhos e a mucosa das vias respiratórias. Pode produzir edema pulmonar.
Ácido sulfúrico	Provoca irritação do sistema respiratório. Quando diluído, pode causar dermatite e lesões nos pulmões. Seus vapores são corrosivos para a pele e os olhos.
Alumínio	Oferece riscos na forma de pó.
Antimônio	Encontra-se associado ao chumbo e arsênio. Seus compostos podem irritar olhos, pele e mucosas das vias respiratórias. Pós e fumos podem provocar lesões nos pulmões.
Cádmio	Os fumos podem causar envenenamento.
Chumbo	Penetra no organismo por inalação e ingestão. Pode provocar lesões nos rins e no fígado. Alguns compostos do chumbo podem provocar câncer.
Cloro	Irrita os olhos, a pele e as mucosas das vias respiratórias.
Mercúrio	O mercúrio acumula-se nos rins, fígado, baço e ossos. O envenenamento provoca inchaço das glândulas salivares e pode resultar em queda dos dentes e úlceras na boca e gengivas.
Etanol	Os efeitos no organismo ocorrem pela contaminação por meio da respiração, ingestão e contato com a pele. Se ingerido, pode provocar cegueira e ser fatal.
Níquel	Pode provocar dermatites e alergias. É também um agente cancerígeno, podendo atingir os pulmões, a cavidade nasal, os ossos e o estômago.
Zinco	Os fumos provocam calafrios, febre alta e secura na boca. Seus compostos prejudicam os olhos, a pele e as mucosas.

FONTE: Alecrim et al., 2007

Pipetagem

Também é interessante que o professor mostre aos alunos os procedimentos corretos para operações comuns em laboratórios, como o preparo de soluções e a forma correta para se fazer pipetagem, para evitar acidentes.

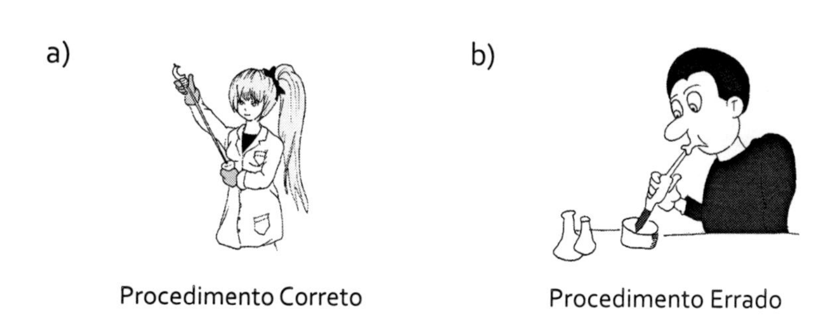

a) Procedimento Correto

b) Procedimento Errado

Uso Adequado de Substâncias

Buscando facilitar a compreensão sobre os riscos no uso incorreto de produtos químicos, apresentamos a tabela abaixo, que tem por objetivo informar a incompatibilidade das principais substâncias utilizadas nos laboratórios escolares.

TABELA 8 – INCOMPATIBILIDADE DAS PRINCIPAIS SUBSTÂNCIAS

SUBSTÂNCIA	INCOMPATÍVEL COM:
Acetileno	Cloro, bromo, flúor, cobre, prata, mercúrio.
Ácido Acético	Ácidos crômico, perclórico e nítrico, peróxidos, permanganatos, etilenoglicol.
Acetona	Misturas de ácidos sulfúricos e nítricos conc., peróxido de hidrogênio.
Ácido fluorídrico anidro	Amônia (aquosa ou anidra).
Ácido nítrico concentrado	Ácido cianítrico, anilinas, óxidos de cromo VI, sulfeto de hidrogênio, líquidos e gases combustíveis, ácido acético, ácido crômico.
Ácido Perclórico	Anidro acético, álcoois, bismuto e suas ligas, papel, madeira.
Ácido Sulfúrico	Cloratos, percloratos, permanganatos e água.
Amônia Anidra	Mercúrio, cloro, hipoclorito de cálcio, iodo, bromo e ácido fluorídrico.
Anilina	Ácido nítrico e peróxido de hidrogênio.
Bromo e Cloro	Benzeno, hidróxido de amônia, benzina de petróleo, hidrogênio, acetileno, etano, propano, butadienos, pós-metálicos.
Carvão ativado	Dicromatos, permanganatos, ácido nítrico e sulfúrico, hipoclorito de sódio.
Cianetos	Ácidos e álcalis
Cloratos, Percloratos e Clorato de Potássio	Sais de amônio, ácidos, metais em pó, matérias orgânicas particuladas, substâncias combustíveis.
Halogênios (F, Cl, B e I)	Amoníaco, acetileno e hidrocarbonetos.
Hidrocarbonetos (butano, propano, tolueno)	Ácido crômico, flúor, cloro, bromo, peróxidos.
Líquidos inflamáveis	Ácido nítrico, nitrato de amônia, óxido de cromo VI, peróxidos, F, Cl, Br e H.

SUBSTÂNCIA	INCOMPATÍVEL COM:
Mercúrio	Acetileno, ácido fulmínico, amônia.
Metais alcalinos	Dióxido de carbono, tetracloreto de carbono, outros hidrocarbonetos clorados.
Nitrato de Amônia	Ácidos, pós-metálicos, líquidos infl., cloretos, S, compostos orgânicos em pó.
Nitrato de sódio	Nitrato de amônia e outros sais de amônia.
Óxido de cálcio	Água.
Oxigênio	Óleos, graxas, hidrogênio, líquidos, sólidos e gases inflamáveis.
Perclorato de Potássio	Ácidos
Permanganato de Potássio	Glicerina, etilenoglicol, ácido sulfúrico.
Peróxido de Hidrogênio	Cobre, cromo, ferro, álcoois, acetonas, substâncias combustíveis.
Peróxido de Sódio	Ácido acético, anidrido acético, benzaldeído, etanol, metanol, etilenoglicol, acetatos de metila e etila, furfural.
Sulfeto de Hidrogênio	Ácido nítrico fumegante e gases oxidantes.

FONTE: Manual de Biossegurança (Mario Hiroyuki Hirata; Jorge Mancini Filho). Disponível em: <http://www.unifal-mg.edu.br/riscosquimicos/?q=tabela>

Conforme mostra a tabela acima, não se devem misturar substâncias que possam reagir entre si, inclusive no armazenamento. Mesmo aquelas que podem ser misturadas, sempre fazer da forma correta e com o acompanhamento do professor a fim de evitar acidentes.

RISCOS NO LABORATÓRIO

Simbologia

Importante ressaltar, também, a simbologia dos riscos para que os alunos aprendam a identificá-los. Na tabela abaixo, destacamos os que consideramos mais importantes, bem como as precauções a serem tomadas.

Símbolo	Inicial	Tipo de Produto	Precauções
	E	Explosivos	Devem-se evitar choques e colisões, movimentando com cuidado. Deve-se manter longe do calor, faíscas e/ou centelhas. Não se deve friccionar.
	F+	Extremamente Inflamável	Manter o produto afastado de chamas, de fontes de calor, faíscas e colisões.
	F	Altamente inflamável	Manter o produto afastado de chamas, de fontes de calor, faíscas e colisões.
	O	Oxidante	Deve-se evitar o contato com produtos inflamáveis, pois pode causar propagação de incêndios incontroláveis.
	T	Tóxico	Podem causar efeitos carcinogênicos, alterações genéticas e esterilidade. Deve-se evitar o contato com o corpo.
	T+	Muito Tóxico	

Símbolo	Inicial	Tipo de Produto	Precauções
	C	Corrosivo	O produto danifica gravemente tecidos vivos, assim como outras matérias. Deve-se, portanto, evitar contato com a pele, olhos e roupas. Não se deve respirar vapores do produto.
	Xi	Irritante	Deve-se evitar contato com a pele, olhos e roupas. Também não se deve respirar seus vapores.
	N	Danoso para o meio ambiente.	Produtos com este símbolo causam problemas ambientais, por isso não devemos descartá-los no solo, em rios ou provocar sua emissão no ar. Estes devem ser coletados de maneira adequada.
		Radioativo	Produtos radioativos são altamente perigosos e requerem mão de obra autorizada e especializada em seu manuseio. Podem causar queimaduras, efeitos carcinogênicos e alterações genéticas.

Acidentes com Produtos Químicos

Acidentes são imprevistos e ocorrem em todos os lugares. No laboratório, não é frequente ocorrer derramamento de produto químico, mas caso isso venha a acontecer, algumas medidas são necessárias e consideramos que seja importante o aluno ter conhecimento. Dentre elas, destacamos:

- buscar identificar o produto derramado, descobrindo se trata-se de algo tóxico, inflamável, corrosivo, entre outros;
- na medida do possível, isolar o local do acidente e comunicar a todos do ocorrido, principalmente ao professor responsável pela aula;
- quando se tratar de líquido inflamável, não acender luz ou outras fontes de ignição;
- na medida do possível, buscar meios para cessar a fonte causadora do acidente, como por exemplo, fechando válvulas, colocando vasilhames em pé quando se tratar de derramamento de líquidos, entre outros;
- para evitar incêndios, desligar, imediatamente, os aparelhos que possam produzir faíscas, tais como aparelhos de ar condicionado, aquecedores, motores, bicos de Bunsen, entre outros;
- recolher o material derramado e colocá-lo em recipiente adequado, para posterior descarte.

RESÍDUOS BIOLÓGICOS

Embora praticamente não haja resíduos biológicos em laboratórios escolares, é interessante mostrar aos alunos que estes também podem ser aproveitados, desde que não apresentem nenhuma contaminação por produtos químicos. Dessa forma, tais resíduos podem ser inseridos no minhocário ou na compostagem, que utiliza restos de comida do refeitório da escola. Estes, em geral, destinam-se ao lixo comum, mas podem ser aproveitados.

Minhocário

É um sistema de reciclagem de lixo orgânico, ou molhado, com minhocas transformando restos em adubo. Também chamado de vermicompostagem, pode ser desenvolvido de várias formas, porém se restringe a resíduos de origem animal ou vegetal. Um minhocário pode ser realizado em caixas plásticas, acimentadas, garrafas pets ou em bombonas. Os anelídeos irão digerir a matéria orgânica e eliminarão húmus, que pode ser utilizado em plantas ou hortas.

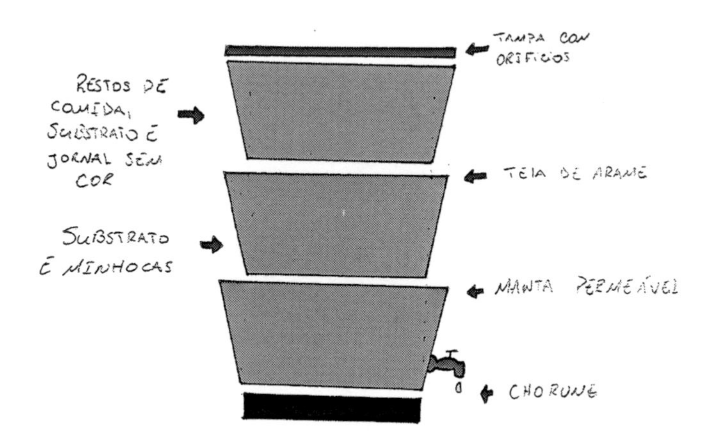

Fazendo um Minhocário na Escola[7]

Materiais

- 1 garrafa PET (2 litros) transparente
- Esterco (pequena quantidade)
- Um pouco de água
- Minhocas de diversos tamanhos (no máximo cinco o ou seis)
- Areia
- Terra
- Saco de lixo preto

[7] Projeto Apoema – Educação Ambiental. Disponível em: <http://www.aipa.org.br/ea-relato-2-minhocario.htm>.

Como Montar

- Pegue a garrafa e corte o gargalo. Vá dispondo em camadas, de 2 cm aproximadamente na seguinte ordem: terra (no fundo da garrafa, 2 cm), seguida de areia (2 cm), esterco (2 cm), novamente a terra e assim sucessivamente. A última camada deverá ser de esterco (chamaremos de substrato essa combinação).
- Coloque as minhocas sobre o substrato e observe que em poucos minutos elas irão se esconder no meio desse substrato.
- Em seguida, coloque cuidadosamente o equivalente a meio copo de água no centro da garrafa (não deixar escorrer no canto para não desmanchar as camadas).
- Por último, cubra toda a volta da garrafa com o plástico preto (não cobrir em cima).

Manutenção

- Deixe o minhocário num canto da sala de aula.
- Não pode receber sol diretamente, porém deve haver luminosidade.
- Sempre que necessário, molhar com meio copo de água (cuidando para não encharcar).
- Para observar o que está acontecendo, basta baixar o plástico. Mas é importante colocá-lo novamente na posição original, para permitir o desenvolvimento normal das minhocas.

Compostagem

Sistema mais complexo que o minhocário, a compostagem apresenta o mesmo objetivo. Contudo se utiliza de bactérias, fungos e actinomicetos ao longo do processo. Basicamente, esse método age sobre pilhas de material orgânico que, depois de formadas, fornecem substrato para os micro-organismos se proliferarem. A reação desses micro-organismos sobre os resíduos causa uma oscilação na temperatura, podendo chegar a 70ºC no seu ápice. Essa variação de temperatura é normal e necessária ao processo, sendo dependente do oxigênio presente no meio. Diferentes métodos são utilizados para inserir oxigênio no centro da pilha de resíduos orgânicos, como revolvimento do material, deposição do material sobre uma tubulação perfurada com a função de inserir oxigênio, ou ar, no montante. Ao final do processo, o composto resultante pode ser inserido como adicional à terra de jardins, hortas e vasos de flores.

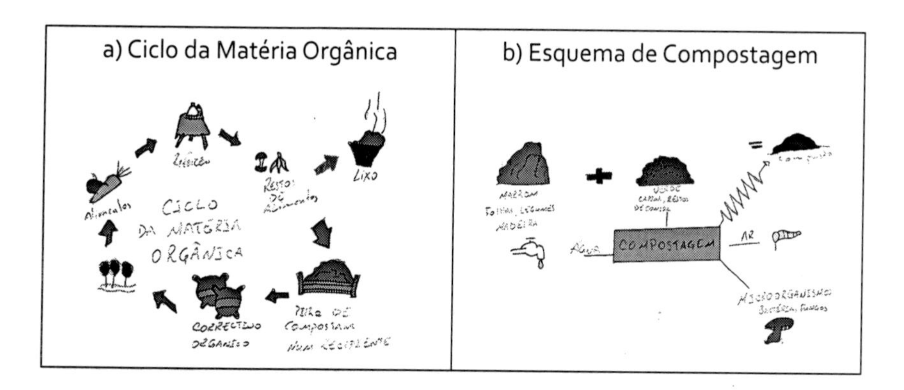

Fazendo o Composto[8]

Materiais

- Esterco de animais
- Palhas
- Qualquer tipo de plantas, pastos, ervas, cascas, folhas verdes e secas
- Todas as sobras de cozinha que sejam de origem animal ou vegetal: sobras de comida, cascas de ovo, entre outros
- Qualquer substância que seja parte de animais ou plantas: pelos, lãs, couros, algas

[8] Disponível em: <http://www.planetaorganico.com.br/composto2.htm>; <http://planetasustentavel.abril.com.br/noticia/lixo/minhoca-composteira-adubo-lixo-organico-493310.shtml>.

- Observação: quanto mais variados e mais picados (fragmentados) os componentes usados, melhor será a qualidade do composto e mais rápido o término do processo de compostagem

Como Montar

- Escolha do local: deve-se considerar a facilidade de acesso, a disponibilidade de água para molhar as pilhas, o solo deve possuir boa drenagem. Também é desejável montar as pilhas em locais sombreados e protegidos de ventos intensos, para evitar ressecamento.
- Iniciar a construção da pilha colocando uma camada de material vegetal seco de aproximadamente 15 a 20 centímetros, com folhas, palhadas, troncos ou galhos picados, para que absorva o excesso de água e permita a circulação de ar.
- Terminada a primeira camada, deve-se regá-la com água, evitando encharcamento e, a cada camada montada, deve-se umedecê-la para uma distribuição mais uniforme da água por toda a pilha.
- Na segunda camada, devem-se colocar restos de verduras, grama e esterco. Se o esterco for de boi, pode-se colocar 5 centímetros e, se for de galinha, mais concentrado em nitrogênio, um pouco menos.
- Novamente, deposita-se uma camada de 15 a 20 cm com material vegetal seco, seguida por outra camada de esterco e assim sucessivamente até que a pilha atinja a altura aproximada de 1,5 metros. A pilha deve ter a parte superior quase plana para evitar a perda de calor e umidade, tomando-se o cuidado para evitar a formação de "poços de acumulação" das águas das chuvas.
- Durante a compostagem, existe toda uma sequência de micro-organismos que decompõem a matéria orgânica, até surgir o produto final, o húmus maduro. Todo esse processo acontece em etapas, nas quais fungos, bactérias, protozoários, minhocas, besouros, lacraias, formigas e aranhas decompõem as fibras vegetais e tornam os nutrientes presentes na matéria orgânica disponíveis para as plantas.

CONSIDERAÇÕES FINAIS

Este livro não tem a pretensão de esgotar o assunto abordado, mas serve como subsídio e tem por finalidade fornecer a vocês, professores, um conjunto amplo de informações sobre o uso do laboratório de ciências e atividades experimentais na escola. Busca também motivá-los a usar essa ferramenta didática de forma transformadora, mediante novas formas de interação com o educando. Não pretende apresentar um esquema fechado, definitivo, com fórmulas prontas sem margem para erro. As experiências aqui apresentadas podem ser modificadas por cada professor a fim de que o aluno seja levado a raciocinar sobre os caminhos que deve seguir para obter o resultado esperado. Na verdade, espera-se que sirva para auxiliá-los a buscar novos caminhos metodológicos de forma que possam, vocês mesmos, analisar, refletir e criar o próprio projeto para deixar as aulas de ciências e áreas afins menos cansativas e mais interessantes. Afinal, autores como Erickson e Curl (1972 apud MIRANDA, 1976) acreditam que se aprende:

10% do que se lê

20% do que se ouve

30% do que se vê

50% do que se ouve e vê

REFERÊNCIAS

AFONSO, J. C.; SILVEIRA, J. A.; OLIVEIRA, A. S. *Análise sistemática de reagentes e resíduos sem identificação*. Química Nova, v. 28, p. 157-165, 2005.

ALECRIM, G. F.; MAGNO, K. S.; MENDONÇA, R. B. S.; VALLE, C. M. *Gerenciamento dos resíduos gerados nas disciplinas química geral e química inorgânica dos cursos da área de química do CEFET-AM*. II Congresso de Pesquisa e Inovação da Rede Norte Nordeste de Educação Tecnológica João Pessoa-PB. 2007. Disponível em: <http://www.redenet.edu.br/publicacoes/arquivos>. Acesso em: 28 fev. 2011.

BORGES, A. T. O papel do laboratório no ensino de ciências. In: MOREIRA, M. A.; ZYLBERSZTA, J. N. A.; DELIZOICOV, D.; ANGOTTI, J. A. P. *Atlas do I Encontro Nacional de Pesquisa em Ensino de Ciências*. Editora da Universidade – UFRGS, Porto Alegre, RS, 1997. p. 2-11.

BORGES, A. T. Novos rumos para o laboratório escolas de ciências. *Cad. Brás. Ens. Fís.*, v. 19, n. 3, p. 291-313, dez. 2002.

BRASIL. Ministério da Educação. *Parâmetros Curriculares Nacionais:* Ciências Naturais. Secretaria de Educação Fundamental. Brasília: MEC/SEF, 2001.

BUENO, R. de S. M.; KOVALICZN, R. A. *O ensino de ciências e as dificuldades das atividades experimentais*. Disponível em: <http://www.diaadiaeducacao.pr.gov.br/portals/pde/arquivos/23-4.pdf>. Acesso em: 3 jul. 2010.

CAPELETTO, A. *Biologia e educação ambiental*: roteiros de trabalho. Ática, 1992. p. 224.

CARVALHO, P. R. *Boas práticas químicas em biossegurança*. Rio de Janeiro: Interciência, 1999.

CARVALHO, B. Modelo de Relatório de Aulas Práticas. Disponível em: <http://labcienciasescolabeni.blogspot.com.br/2008/04/modelo-de-relatrio-de-aulas-prticas.html>. Acesso em: 22 jul. 2010.

CIENFUEGOS, F. *Segurança no laboratório*. Rio de Janeiro: Interciência, 2001.

CRQ VI. *Segurança em laboratório químico*: minicursos 2008. São Paulo, 2008. Disponível em: <www.crq4.org.br/donwloads.php>. Acesso em: 2 fev. 2011.

DEL PINO, J. C.; KRÜGER, V. *Segurança no laboratório*. Porto Alegre: CECIRS, 1997.

ERICKSON, C. W. H; CURL, D. H. *Fundamentals of teaching with audiovisual technology*. 2. ed. N. Y., The MacMillan Co., 1972, 338 p.

FRACALANZA, H. et al. *O ensino de ciências no 1° grau*. São Paulo: Atual, 1986. p. 124.

GIMENEZ, S. M. N. et al. *Diagnóstico das Condições de Laboratórios, Execução de Atividades Práticas e Resíduos Químicos Produzidos nas Escolas de Ensino Médio de Londrina – PR*. Química Nova na Escola, v. 23, maio 2006. p. 32-36.

KRASILCHIK, M. *Prática de ensino de biologia*. 4. ed. São Paulo, Edusp, 2004.

LUFT, C. P. *Minidicionário*. 20. ed., São Paulo: Ática, 2001. p. 352.

MACHADO, P. F. L.; MÓL, G. S. *Experimentando química com segurança*. Química Nova na Escola, v. 27(1), fev. 2008a. p. 57-60.

MACHADO, P. F. L.; MÓL, G. S. *Resíduos e Rejeitos de Aulas Experimentais*: O Que Fazer? Química Nova na Escola, v. 29(2), ago. 2008b. p. 38- 41.

MACHADO, P. F. L. Segurança em laboratórios de ciências. Em: COLTINHO, L. G. R.; FERREIRA, V. F. (Orgs.). *Contribuições aos professores de Química do Ensino Médio*. Rio de Janeiro: Ed. UFF, 2005. p. 207-217.

LABORATÓRIO DE HEMOGLOBINAS E GENÉTICAS DAS DOENÇAS HEMATOLÓGICAS. *Manual de biossegurança*. Universidade Estadual Paulista Júlio de Mesquita Filho, Campus de São José do Rio Preto.

MIRANDA, A. Treinamento no uso da biblioteca com recursos audiovisuais: revisão da literatura. *R. Esc. Biblioteconomia*. UFMG, Belo Horizonte, v. 5, n. 2, p. 145-164, set. 1976.

MOREIRA, O. M. S. C. *Notas breves para uma correcta gestão ambiental em trabalho laboratorial*. Estação Zootécnica Nacional. Departamento de Nutrição e Alimentação, 2001.

NASCIMENTO, L. F.; MELLO, M. C. A.; LEMOS, A. C. *Produção mais Limpa*. Universidade Federal do Rio Grande do Sul, Brasil, 2002, 200p.

NEVES, A. F.; TEODORO, D. P. C.; LONGHINI, I. M. M. *Relato de experiência*: a aplicação de uma aula de ciências precedente ao estágio supervisionado. Disponível em: <http://www.ic-ufu.org/anaisufu2008/PDF/SA08-10130.PDF>. Acesso em: 10 maio 2010.

PEREIRA, M. *Curso de Segurança em Laboratórios de Química*. Faculdade de Química/FCT. Universidade Nova de Lisboa, Coimbra, 2000.

POSSOBOM, C. C. F.; OKADA, F. K.; DINIZ, R. E. da S. *Atividades práticas de laboratório no ensino de biologia e de ciências:* relato de uma experiência. Fundunesp. Disponível em: <www.unesp.br/prograd/PDFNE2002/atividadespraticas.pdf>. Acesso em: 24 fev. 2011.

PONTILHO, G. O que é um minhocário doméstico? Disponível em: <http://planetasustentavel.abril.com.br/noticia/lixo/minhoca-composteira-adubo-lixo-organico-493310.shtml>. Acesso em: 01 fev. 2011.

RESOLUÇÃO RDC Nº 306, de 10/12/2004.

ROSA, P. R. da S. *Laboratório no ensino de ciências* - O ensino experimental. Cap. XII. Disponível em: <www.dfi.ccet.ufms.br/prrosa/Pedagogia/Capitulo_12.pdf>. Acesso em: 12 fev. 2010.

TAVARES, G. A.; BENDASSOLLI, J. A. *Implantação de um programa de gerenciamento de resíduos químicos e águas servidas nos laboratórios de ensino e pesquisa no CENA/USP*. Química Nova, v. 28, n. 4, p. 732-738, 2005.

VALADARES, E. de C. Propostas de experimentos de baixo custo centradas no aluno e na comunidade. *Revista Química Nova na Escola*, maio/2001, p. 13. Disponível em: <http://qnesc.sbq.org.br/online/qnesc13/v13a08.pdf>. Acesso em: 12 maio 2010.

VELOSO, C. M. ; RODRIGUES, L. B. ; BONOMO, R. C. F. . Gerenciamento de Resíduos de Laboratório. In: *I CBEU - CONGRESSO BRASILEIRO DE EXTENSÃO UNIVERSITÁRIA*, 2003, João Pessoa. I CBEU - Congresso Brasileiro de Extensão Universitária, 2002.

ZIMMERMANN, L. *A importância dos laboratórios de ciências para alunos da terceira série do ensino fundamental*. Dissertação (Mestrado em Educação em Ciências e Matemática) – PUCRS, Porto Alegre, 2004. Disponível em: <http://tede.pucrs.br/tde_arquivos/24/TDE-2008-03-04T122448Z-1041/Publico/330257.pdf>. Acesso em: 25 abr. 2010.

Endereços eletrônicos

Disponível em: <http://labcienciasescolabeni.blogspot.com/2008/04/modelo-de-relatrio--de-aulas-prticas.html>. Acesso em: jul. 2010.

Disponível em: <http://labcienciasescolabeni.blogspot.com/2008/04/modelo-de-relatrio--de-aulas-prticas.html>. Acesso em: jul. 2010.

Disponível em: <http://planetasustentavel.abril.com.br/noticia/lixo/minhoca-composteira-adubo-lixo-organico-493310.shtml>. Acesso em: 1 fev. 2011.

Disponível em: <http://quimicanova.sbq.org.br/qn/QN_OnLine_Geral.htm>. Acesso: abr. 2010.

Disponível em: <http://revistaescola.abril.com.br/planos-de-aula/>. Acesso: maio 2010.

Disponível em: <http://www.anvisa.gov.br/legis/resol/2003/rdc/33_03rdc.htm>. Acesso em: 10 jan. 2011.

Disponível em: <http://www.cpmdarcycosta.seed.gov.br>. Acesso: maio 2010.

Disponível em: <http://www.cro-rj.org.br/biosseguranca/Manual%20Biosseguranca%20praticas%20corretas.pdf>. Acesso em: 4 dez. 2010.

Disponível em: <http://www.feiradeciencias.com.br/>. Acesso: jul. 2010.

Disponível em: <www.planetaorganico.com.br/composto2.htm>. Acesso em: 30 jan. 2011.

Disponível em: <www.unifal-mg.edu.br/riscosquimicos/?q=tabela>. Acesso em: 10 jan. 2011.

PROJETO APOEMA. Educação Ambiental. Disponível em: <http://www.aipa.org.br/ea--relato-2-minhocario.htm>. Acesso em: 30 jan. 2011.

Endereços eletrônicos referentes às atividades experimentais e aulas práticas (p. 28)

Como saber se um ovo está cozido sem tirar a casca?
Disponível em: <http://www.feiradeciencias.com.br/sala02/02_PC_04.asp>. Prof. Luiz Ferraz Neto.

O ponto cego
Disponível em: <http://www.feiradeciencias.com.br/sala02/02_PC_04.asp>. Prof. Luiz Ferraz Neto.

Colisões com moedas
Disponível em: <http://www.feiradeciencias.com.br/sala02/02_PC_04.asp>. Prof. Luiz Ferraz Neto.

Latinha obediente
Disponível em: <http://www.feiradeciencias.com.br/sala02/02_PC_04.asp>. Prof. Luiz Ferraz Neto.

Passas bailarinas
Disponível em: <http://www.feiradeciencias.com.br/sala02/02_PC_04.asp>. Prof. Luiz Ferraz Neto.

Construindo uma bússola
Disponível em: <http://www.feiradeciencias.com.br/sala02/02_PC_04.asp>. Prof. Luiz Ferraz Neto.

Colando gelo num barbante
Disponível em: <http://www.feiradeciencias.com.br/sala02/02_PC_04.asp>. Prof. Luiz Ferraz Neto.

Uma sirene diferente
Disponível em: <http://www.feiradeciencias.com.br/sala02/02_PC_04.asp>. Prof. Luiz Ferraz Neto.

Uma moeda que desaparece
Disponível em: <http://www.feiradeciencias.com.br/sala02/02_PC_04.asp>. Prof. Luiz Ferraz Neto.

Iceberg em miniatura
Disponível em: <http://www.feiradeciencias.com.br/sala02/02_PC_04.asp>. Prof. Luiz Ferraz Neto.

Cultivando bactérias
Disponível em: <http://revistaescola.abril.com.br/ciencias/pratica-pedagogica/como--ensinar-microbiologia-426117.shtml>.

Testando produtos de limpeza
Disponível em: <http://revistaescola.abril.com.br/ciencias/pratica-pedagogica/como--ensinar-microbiologia-426117.shtml>.

Pega-pega contra os germes
Disponível em: <http://revistaescola.abril.com.br/ciencias/pratica-pedagogica/como--ensinar-microbiologia-426117.shtml>.

Estragando o mingau
Disponível em: <http://revistaescola.abril.com.br/ciencias/pratica-pedagogica/como--ensinar-microbiologia-426117.shtml>.

Mãos limpas?
Disponível em: <http://revistaescola.abril.com.br/ciencias/pratica-pedagogica/como--ensinar-microbiologia-426117.shtml>.

Confecção de lâmina com célula vegetal
BARROS (1984); CRUZ (1990); LOPES (1996); LOPES; MACHADO (1995)Adaptação: BUENO (2008).

Confecção de lâmina com célula animal
BARROS (1984); CRUZ (1990); LOPES (1996); LOPES; MACHADO (1995)Adaptação: BUENO (2008).

Identificação dos tecidos
BARROS (1984); CRUZ (1990); LOPES (1996); LOPES; MACHADO (1995)Adaptação: BUENO (2008).

Reconhecimento do amido
BARROS (1984); CRUZ (1990); LOPES (1996); LOPES; MACHADO (1995)Adaptação: BUENO (2008).

Importância da mastigação
Disponível em: <http://www.ic-ufu.org/anaisufu2008/PDF/SA08-10130.PDF>.

Erupção vulcânica
Disponível em: <http://www.explicatorium.com/Laboratorio-aberto.php>.

Um azul misterioso
Disponível em: <http://www.explicatorium.com/Laboratorio-aberto.php>.

Gelo instantâneo
Disponível em: <http://www.explicatorium.com/Laboratorio-aberto.php>.

Mensagem secreta
Disponível em: <http://www.explicatorium.com/Laboratorio-aberto.php>.

Mensagem secreta 2
Disponível em: <http://www.explicatorium.com/Laboratorio-aberto.php>.

Um lenço mágico
Disponível em: <http://www.explicatorium.com/Laboratorio-aberto.php>.

Enchimento automático de balões
Disponível em: <http://www.explicatorium.com/Laboratorio-aberto.php>.

A ação da saliva
Disponível em: <http://revistaescola.abril.com.br/ciencias/pratica-pedagogica/quimica-gosto-aprender-426142.shtml>.

Densidade
Disponível em: <http://educador.brasilescola.com/estrategias-ensino/densidade-ovo-agua.htm>.